청담동 엄마의

10년 육아법

내 아이를
행복한 영재로 키우는

청담동 엄마의 10년 육아법

임서영 지음

알에이치코리아

청담동 영재 출신은 뭐가 다를까?

영재는 엄마 아빠 없이도 행복한 아이

"소장님이 생각하시는 영재란 어떤 아이인가요?"

사람들을 만날 때 내가 많이 듣는 질문 중 하나다. 우리나라 부모님들은 '영재'에 대해 두 가지 감정을 갖는다. 다른 아이가 '영재'라고 하면 부러워하면서도, 정작 자신의 아이를 영재로 만드는 일에 대해서는 '그렇게까지 해야 하나?' 생각하는 것이다. 부모님들이 내게 '영재란 어떤 아이인가?'를 물을 때도 그런 두 가지 감정을 담고 있을 때가 많다. 부모님들의 그런 마음은 알지만 나의 생각이 확고하기에 곧이곧대로 대답한다.

"영재요? 엄마 아빠 없이도 혼자서 잘 먹고, 잘 자고, 행복하게 생활하는 아이죠. 강하게 키워야 해요. 아이 삶의 배경이 부모가 되어서는 안 돼. 부모가 없어도 자기가 주도적으로 움직여서 열심히 생활하는 아이가 돼야지. 학교에서 '자기주도학습'이라고 말하는 그런 것 말고요. 공부가 됐든, 악기가 됐든, 체육이 됐든, 자신의 동기와 목표가 확실해서 그것을 이루기 위해 끈기 있게 노력하는 아이, 다시 말해 'GRIT'*의 힘을 가진 아이가 영재예요. 하지만 그런 아이는 많지 않죠."

부모님, 특히 엄마들 중에는 '엄마 아빠가 없어도 행복한 아이'라는 말에 금세 표정이 달라지는 분도 있다. 아직 한참 어려서 하루 종일 뒤치다꺼리하기 바쁜데 어떻게 엄마 아빠 없이도 아이가 행복할 수 있겠느냐는 의미인 듯 보인다. 그런 엄마들에게 묻는다.

"아이가 몇 살입니까?"

두 살? 세 살? 아니다. 여섯 살이란다. 그럼 내 입에서 나오는 다음 말은 뻔하다.

* 열정과 끈기. 실패를 딛고 목표를 향해 정진하는 힘을 뜻한다.

"애는 다 컸는데 엄마가 덜 컸구먼. 다 큰 애를 붙들고 뭐 하는 거예요. 어서 어린이집, 유치원 보내서 친구들하고 어울리는 법을 배우게 해야지. 또래들하고 노는 게 재밌으면 엄마 생각은 눈곱만큼도 안 해요. 그게 건강하고 똑똑하게 크는 거예요. 아니, 뭐, '엄마 없으면 아무것도 아닌 아이'로 키우려면 계속 애 뒤를 졸졸 따라다니시든지."

그쯤 되면 놀라움 반, 의구심 반으로 우리 청담동 영재교육연구소에 관심을 갖는다. '도대체 그곳에서는 무얼 가르치는 거지?' 하고.

영재교육은 영유아 시기부터

우리나라는 고등학교 과정부터 정규 영재학교를 운영한다. 정작 가장 중요한 유아 시기에는 영재교육 프로그램이 아예 없고, 초등학교 4학년이 되면 학교에서 일괄적으로 영재 판별 시험을 치른다. 그리고 거기에서 시험 평균 점수가 상위 5퍼센트 안에 들 때, 인근 대학 등에서 주 1회의 특별 수업을 듣는 것이 전부다. 학교 평준화가 이루어지면서 교육도 평준화를 이루었기 때문이다.

하지만 평준화로 오히려 교육의 기회를 빼앗긴 아이들도 있다. 자기의 꿈을 위해 스스로 노력하는 아이들은 그에 합당한 교육을 받아야 하는데, 우리나라 제도권 교육은 예외를 인정하지 않는다. 그래서 누구나 똑같은 교육을 받고 똑같은 과정을 거쳐 성장한다. 그 아이만을 위한 기회 따위는 없다.

아무리 따져봐도, 고등학교 때부터 영재교육을 시작하는 것은 너무 늦다. 유치원, 초등학교, 중학교 때는 남들과 똑같이 교육해 놓고 고등학생이 되니 갑자기 "너의 영재성을 발휘해 봐라!" 한다면 그게 가능할까? 어릴 때부터 말뚝에 발이 묶인 채 길들여진 코끼리는 밧줄을 풀어줘도 말뚝 근처에서 벗어나지 못하는 법이다.

외국에서는 서너 살 정도, 아주 어릴 때부터 영재교육을 시작한다. 아이를 달달 볶으면서 학대하는 교육이 아니라, 재능과 '그릿'의 힘을 가진 아이가 꿈을 이룰 수 있도록 물심양면 지원하는 것이다.

특별한 재능을 가진 우리 아이들이 일찌감치 외국으로 유학을 나가는 이유가 바로 거기에 있다. 모두가 똑같은 교육을 받는 것이 평등하다고 생각하는 우리나라 교육제도가 영재들을 외국으로 내몰고 있으니 안타까운 노릇이다.

우리나라에도 영유아 영재교육이 필요하다. 내가 생각하는 영재교육은 학업성적을 올려서 S·K·Y 대학이나 외국의 명문대에 진학시키는 그런 교육이 아니다. 체體·덕德·지知를 기반으로 한 인성 중심의 영재교육이다. 지·덕·체가 아니라 체·덕·지다. 체력이 뒷받침되지 않으면 덕이나 지를 갖추기가 어렵다. 그리고 아무리 지식이 뛰어나다고 해도 인성이 올바르지 않으면 사회에서 도태되므로 학업성적보다 중요한 것이 인성임을 강조한다.

'체·덕·지'라고 하면 고루한 옛날 교육법이 아니냐고 오해하는 부모님들이 있다. 반면 낯설고 거창한 영어 단어로 설명하면 새로운 교육법이라 생각하고 흠모하는 분들도 많다. 그러나 교육에는 정도正道가 없고 옛것과 새것 또한 없다. 시대가 흐르고 환경이 변하면서 교육 방식은 달라지겠지만 '교육의 목표'는 달라지지 않는다. 아이가 건강하게, 인성과 지성을 잘 갖춘 어른으로 성장하는 것, 그것이 내가 지향하는 '영재상'이다.

아이를 바르게 키우는 청담동 교육법

우리 영재교육연구소가 다른 지역을 거쳐 청담동에 자리 잡은 지 어느덧 10년이 되어간다. 청담동이 교육의 메카로 새롭게 주목받으면서, 사람들은 '청담동 교육법은 뭐가 달라도 다르겠지' 하는 기대감을 갖는다. 더불어 〈영재들의 오후학교(이하 영·재·오)〉에 대한 관심도 커졌고 그에 따라 내 책임감도 커졌다.

하지만 내 교육 철학이나 방침이 학구열로 가득찬 부모님들의 심기를 불편하게 만들 때가 있다. 아이가 하기 싫다는 운동을 땀 뻘뻘 흘릴 때까지 시키고, 어른을 보면 달려와 깍듯하게 인사하도록 시키고, 고사리 같은 손으로 청소와 설거지도 시키니…. 책 한 권 더 읽히고, 영어 단어 하나라도 더 익히게 하려고 청담동으로 왔더니만 〈영·재·오〉에서는 쓸데없는 것만 시킨다고 불만이다.

하지만 그 불만은 한 달도 안 돼 쏙 들어간다. 징징대며 엄마 옷자락에 매달려 지내던 아이가 혼자서 제 할 일을 다 하고 한층 밝아졌다고 한다. 개미 같은 목소리로 말끝을 흐리던 아이가 대답은 물론 자기 의사 표현도 똑 부러지게 잘하고, 자기보다 어린 동생들을 돌봐주는 등 제법 의젓하게 행동한다. 그것이 가장 큰 변화다.

책 읽기? 영어 단어 익히기? 더 이상 그런 것은 걱정하지 않아도 된다. 아이가 스스로 책을 꺼내서 읽고, 엄마에게 자기가 익힌 영어 단어를 자랑하고 있으니 더 말해 무엇하랴!

이것이 내가 생각하는 청담동 교육법이다. 일상에서의 기본 생활 자세 먼저 바로잡고, 그 이후에 지식을 쌓는 것이 훨씬 효과적이다.

〈영·재·오〉를 운영하면서 똑똑한 아이들을 참 많이 만났다. 입이 떡 벌어질 정도로 지식을 줄줄 쏟아내는 아이들이 생각보다 무척 많다. 그런데 그 애들 가운데 생활 자세가 제대로인 경우는 거의 없다. 떼쓰고 제멋대로 굴거나 화를 참지 못해 소리 지르고 물건을 집어 던지고…. 식탁에 앉아 밥 먹는 자세만 봐도 딱 안다.

똑똑한 그 아이들이 왜 그럴까?

머리는 똑똑한데 제대로 된 교육을 못 받아서 그런 것이다. 잘못해도 야단치지 않고 오냐오냐 다 받아주어서 그렇다. 엄마들은 "애가 예민해서 그렇다", "내가 뭔가를 잘못해서 그런 거다"라고 하면서 "미안해, 미안해!"를 입에 달고 산다. 애한테 뭐가 그렇게 미안하다는 것인지.

애가 잘못된 행동과 말을 할 때는 미안해할 것이 아니라 "그렇게 하면 안 돼!" 하고 강하게 야단치고 바로잡아 줘야 한다. 그래야 아이가 알아듣는다. 엄마가 만날 미안하다고 말하면 아이는 '엄마가 뭔가를 잘못했구나. 그럼 내가 더 화내도 되겠네' 하고 생각한다. 그것은 친구 관계, 사회생활에도 고스란히 적용되어 결국에는 아이 스스로 고립되고 만다.

그래서 아이 교육과 더불어 부모님 교육도 이루어져야 한다. 사실 아이가 〈영·재·오〉에서 보내는 시간은 하루 중 일부에 지나지 않는다. 집에서 부모님과 보내는 시간이 훨씬 많다. 〈영·재·오〉에서 배운 것을 일상 습관으로 만들려면 부모님이 함께 배워서 아이에게 일관된 교육을 해야 한다.

〈영·재·오〉에서는 밥 먹을 때는 밥에 집중하라고 배웠는데, 집에 갔더니 엄마 아빠가 밥 먹을 때 휴대폰이나 TV를 보고 있다면 아이는 혼란스러울 것이다. 아이에게는 책 읽으라고 하고 엄마랑 아빠는 식탁에 앉아 맥주를 마시고 있다면 아이는 그 상황을 어떻게 받아들일까? 부모님이 무의식적으로 한 행동 하나하나가 아이의 눈에는 다 들어온다.

아이가 성장하면 엄마의 역할도 달라진다

단, 주의할 것이 있다. 내 아이라고 해서 마음 내키는 대로 아이를 대해서는 안 된다. 아이의 성장 발달 상황에 따라 부모로서의 역할이 달라진다.

아이가 세상에 태어나 24개월이 될 때까지, 엄마는 아이를 먹이고 건강하게 돌보는 일에 집중해야 한다. 그 시기의 아이는 자신을 돌봐주는 엄마에게 애정을 느낀다. 다시 말해 먹을 것을 제때, 맛있게, 배부르게 주는 엄마를 좋은 엄마라고 생각한다. 이와 더불어 축축한 기저귀를 제때 갈아주는지, 울거나 아플 때 어떻게 반응하는지, 안거나 업어줄 때의 느낌이 어떤지 등 기본적인 욕구에 반응한다. 그러므로 이 시기에는 '캥거루 같은 엄마'가 되기 위해 노력해야 한다. 품에서 놓지 않고 아이의 욕구에 즉각 반응해 준다.

두 돌이 지나 36개월까지 아이는 호기심이 왕성하고 무엇이든 스펀지처럼 흡수한다. 그래서 이 시기에는 신기한 것이 있으면 궁금증이 풀릴 때까지 물어보고, 대답을 들은 다음에는 그대로 머릿속에 저장한다. 그러므로 아이가 "이게 뭐야?" 하고 묻는다면 아이의 눈높이에서 아이의 언어로 대답해야 한다.

그리고 아이가 엄마에게 "야!" 하고 불렀다면 엄마는 "아니, 엄마한테 무슨 말버릇이야?" 하고 화를 낼 것이 아니라 "왜?" 하고 대답해 주는 것이 좋다. 이 시기에는 어른과 아이, 윗사람과 아랫사람에 대한 개념이 없고 동물에게도 사람과 동일한 감정을 갖기 때문이다. 아이는 가장 가까이에서 오랜 시간 함께 있는 '친구 같은 엄마'에게서 안정감과 편안함을 느낀다.

37~48개월의 아이에게는 '어른으로서의 엄마'가 필요하다. 만약 이 시기에 아이가 "야!" 하고 부른다면 그때는 "어른한테는 그렇게 하면 안 돼!" 하고 주의를 주어야 한다. 그리고 친구와 놀 때, 어른과 처음 만났을 때, 친척이나 가족을 대할 때 아이가 지켜야 할 규범과 예절을 알려줘야 한다. 이 시기에도 오냐오냐 다 받아준다면 버릇없이 막무가내로 구는 아이로 성장할 것이다.

49개월 이후부터 초등학교 입학 전까지는 대개의 아이들이 어린이집이나 유치원에서 시간을 보낸다. 그리고 그곳에서 학교에 입학하기 전에 익혀야 할 것을 미리 연습한다. 이때 엄마는 아이의 멘토로서 모델이 되어야 하며 조언해 줄 수 있어야 한다. 다시 말해 '코치 같은 엄마'가 필요한 시기다. 상대방과 입장 바꿔 생각해 보기, 공동체 속에서 조화롭게 생활하기, 약한 사람 돕기, 정의로움이 무엇인지 생각해 보기 등 아이가 앞으로 겪을 수 있는 상황을 미리 얘기해 주는 것도 좋다.

아이가 학교에 입학하고 나서 10세 이전까지는 잘잘못을 명확히 알려주는 '판사 같은 엄마'의 역할이 필요하다. 학교생활에서 벌어지는 일을 객관적인 시각으로 얘기해 줘야 한다.

학교에서 돌아온 아이가 "엄마, 오늘 학교에서 우리 모둠이 떠들었다고 선생님한테 혼났어. 나는 가만히 있었고 다른 애들이 떠들었는데 같이 혼났어" 하고 볼멘소리를 한다면 어떻게 대답해야 할까?

"그래, 억울할 수도 있겠구나. 그런데 다른 애들이 떠들 때 너는 아무것도 안 하고 있었잖아. '얘들아, 우리 조금만 조용히 하자'라고 말했더라면 아이들이 조용히 했을 텐데. 다음번에는 네가 친구들한테 조용히 하자고 먼저 말해봐. 그럴 수 있겠니?"

그러면 아이는 자신이 앞으로 어떻게 행동해야 할지 생각할 것이다. 잘난 척하는 사람을 친구들이 왜 싫어하는지, 내성적인 성격이지만 친구들과 잘 어울릴 수 있는 방법은 무엇인지, 내가 힘들 때 친구들에게 어떤 방법으로 도움을 요청해야 하는지 하나하나

현명하게 알려줘야 한다.

아이는 세상에 태어난 이후 끊임없이 성장한다. 하지만 대개의 엄마들은 그것을 자연스럽게 인정하지 못한다. 그래서 아이가 자의식을 갖고 말하거나 행동하면 "어디 엄마한테 또박또박 말대꾸야!"라든가 "제멋대로 행동하지 마!"라고 화를 낸다. 그것은 성장한 아이를 대하는 태도가 아니다. 48개월 된 아이를 24개월 아이처럼 대하다니, 스무 살이 넘은 아이에게 "횡단보도를 건널 때는 좌우를 살핀 다음 꼭 손 들고 건너야 한다!" 하고 거듭 당부하는 것과 다를 바 없다.

또박또박 말대꾸하고 제멋대로 행동하는 이유는 아이가 성장했기 때문이다. 그리고 아이의 성장 시기에 맞춰 엄마도 성장해야 한다. 시기에 따라 캥거루 같은 엄마, 친구 같은 엄마, 어른 같은 엄마, 코치 같은 엄마, 판사 같은 엄마로서 소양을 갖춰야 한다.

남다른 엄마가 남다른 아이를 키운다

나는 30년 가까이 아이들을 만나왔고 그 아이들이 성장하는 모습을 지켜봤다. 그러면서 아이와 부모가 같이 성장해야 한다는 것을 깨달았다. 부모가 성장하지 못하면 아이는 마음의 문을 닫거나 탈선하기 쉽고, 부모만 훌쩍 성장하면 아이는 낮은 자존감 때문에 의기소침해질 것이다. 너무 빠르지도 늦지도 않은 속도로 아이와 발을 맞출 줄 아는 부모야말로 좋은 엄마, 좋은 아빠가 아닐까 싶다.

청담동 교육법을 궁금해하는 부모님은 많지만 부모 교육이 먼저 이루어져야 한다는 데까지 생각하는 분은 없는 것 같다. 그러나 내 아이가 남다르길 원한다면 부모님이 먼저 남달라야 한다. 특히 엄마의 의식이 성장해야 한다. 아이의 성장 폭과 엄마의 성장 폭은 비례한다.

이 책의 독자들은 부디 '지금 나는 얼마나 성장한 부모인가'를 스스로 점검해 보기 바란다.

임서영

★ 차례 ★

스마트폰으로 만화영화나 동요를 틀어주면 아기가 울다가도 뚝 그치고 동영상에 집중해요. 요즘은 유튜브에 아이 교육 프로그램도 많고, 텔레비전에 나오는 영재들도 유튜브를 많이 보던데 동영상을 보여줘도 되나요?

PART 1

0~24개월 캥거루 같은 엄마

지금의 애착이 평생 간다

갓 태어나서 24개월까지, 사람의 인생에서 가장 중요한 시기를 꼽으라면 단연 이때가 아닌가 싶다. 하지만 안타깝게도 그 시기에는 본인의 노력이나 선택으로 무언가를 이룰 수 없다. 주 양육자(대개 엄마)에 의해 평생 가지고 살아갈 뇌, 성격, 인성 및 애착이 만들어진다. 다시 말해 엄마가 아기에게 줄 수 있는 가장 큰 선물이 이 시기에 감추어져 있다.

'애착'은 친밀한 정서적 유대를 말하는데, 보통 태어나서 두 돌 이전에 형성된다. 애착은 인격을 만드는 가장 중요한 요소로, 건강하고 안정적인 애착을 형성한 사람은 관계·소통이 원활하고 사회성에 문제가 없는 반면, 그렇지 못한 사람은 삶에서 다양한 문제와 부딪힌다. 그래서 심리학이나 정신병리학에서는 삶에 문제를 일으키는 핵심 요인 중 한 가지로 '불안정 애착'을 손꼽고 있다. 그만큼 아이에게는 이 시기가 중요하다.

그러나 출산 이후 몸과 마음이 다 지친 상태에서 곧바로 시작한 육아는 누가 뭐래도 고된 노동이다. 엄마 자신도 돌봄을 받아야 하는 상태인데 거기에 아기까지 돌봐야 하니 '무조건적인 희생'이 따를 수밖에 없다. 그래서 산후우울증이 생긴다.

하지만 우울한 엄마는 아기와 안정적인 애착 관계를 만들 수 없다. 큰 소리로 울면서 자신의 요구를 표현하는 아기를 그대로 방치하거나, 방치했다가 미안한 마음에 일시적으로 아기를 안아주고 이내 다시 방치하는 행위는 불안정한 애착의 원인이 된다. 불안정한 애착은 아기의 성격과 인성에 영향을 미칠 뿐만 아니라 폭넓게는 지능에도 관여한다.

아기들은 생후 8개월 정도에 숟가락을 손에 쥘 수 있고, 첫돌 전후로 걸음마를 한다. 말이 빠른 아기들은 12개월이 지나면 '엄마', '아빠', '맘마' 등의 말을 할 수 있고 자주 듣는 노래에 맞춰 들썩들썩 춤을 추기도 한다. 그리고 24개월이면 공을 차거나 혼자서 옷을 벗을 수 있고, 인형을 동생처럼 보살피거나 다양한 단어로 의사 표현을 한다. 그러나 무엇 하나 완전하지 않다.

아기들이 바라보는 세상은 온통 물음표투성이다. 엄마 아빠가 자기 앞에서 온갖 표정을 짓고, 말을 하고, 장난감을 흔들고 있지만 그 행동이 어떤 의도를 갖고 있는지 이해하지 못한다. 다만 그것이 자신에게 위협이 되거나 나쁜 일을 불러오지 않으리라는 느낌으로 웃음을 짓는 것이다. 몇 가지 단어를 말하고 엉덩이춤을 추는 것도 그 뜻을 명확히 알고 감정을 표현하는 것이 아니라, 장님 코끼리 만지듯 어렴풋한 느낌으로 하는 행동이다.

그렇다면 이 시기에 엄마들은 무엇을 해야 할까?

이 시기의 아기들에게 가장 필요한 사람은 자신의 불편함이 무엇인지를 알고 그것을 즉각 해결해 주는 사람이다. 즉 배가 고프지 않게, 기저귀가 축축하지 않게, 배가 아프거나 팔다리가 불편하지 않게 해주는 사람에게 아기들은 고마움을 느낀다. 불안하거나 무서울 때 포근하게 안아주는 사람, 흥미로운 놀이와 장난감으로 놀아주는 사람, 친절한 목소리로 말하며 눈을 맞추고 웃어주는 사람이 아기들에게 신뢰를 준다.

동물 중에 캥거루가 이러한 역할을 가장 잘한다. 캥거루는 새끼를 아기 주머니 속에 품고 다니면서 24시간 돌본다. 젖을 먹이거나 배설시킬 때도 자신의 체온으로 새끼를 품어 최적의 양육 환경을 만든다.

그러나 말이 쉽지, 캥거루처럼 밀착 육아를 하기에는 체력적인 한계가 있다. 그러므로 엄마 먼저 자신을 위해 영양제나 보약을 챙겨 먹고 아기가 낮잠을 잘 시간에 함께 눈을 붙이는 것이 좋다.

남편도 '애착의 중요성'을 충분히 인지하고 스스로 움직여 가사와 육아에 참여할 수 있도록 해야 한다. 집안일은 세분화해서 아내와 남편이 각자의 역할을 분담하는 것이 좋다.

분리수거, 저녁 설거지, 거실·욕실 청소는 남편이 전담하고 주 3회 한 시간 이상 아기와 놀아주는 등 옵션을 정하는 것도 좋다. 집안 형편과 아기의 월령에 따라 분담 내용을 협의하고, 서툴다고 해서 짜증을 내거나 탓하지 않는다.

'수고했어', '고마워', '잘했어', '사랑해' 등의 말을 습관처럼 사용하자. 사실 이 시기에 가장 서러운 것이 '내가 이렇게 고생하는데 그것을 몰라주는 남편(혹은 아내)'이라고 한다. 부부가 서로의 노력을 인정하고 칭찬할 때 육아가 고된 노동이 아니라 행복한 희생이 될 수 있다.

이제부터 캥거루 엄마로서 해야 할 중요하고 구체적인 역할에 대해서 알아보자.

육아는 모성애만으로 이뤄지지 않는다

모성애는 본능일까?

가끔 "소장님, 저는 모성애가 없는 엄마인가 봐요"라면서 고민을 상담해 오는 엄마들이 있다. 아이를 원하지 않았지만 어쩌다 보니 임신을 했고, 임신 내내 입덧과 통증으로 고생했으며, 사흘 동안 무진 애를 쓰다가 결국은 제왕절개수술로 아기를 낳았다는 한 엄마는 아기가 그다지 사랑스럽지 않다고 울면서 고백했다.

"모유 수유를 하라는데 젖도 잘 안 나오고 너무 아파서 못 하겠어요. 그리고 애는 왜 그렇게 자주 먹고 자주 싸는지 미칠 것 같아요. 밤중에도 두

세 시간마다 깨서 울고, 울어서 보면 똥이나 오줌 싸서 기저귀 갈아줘야 하고, 기저귀 갈고 나면 배고프다고 울고…. 이런 일이 하루 종일 반복되니까 내가 이러려고 결혼했나 싶기도 하고…. 마치 큰 죄를 지어서 벌을 받는 기분이에요."

그러면서 자포자기한 사람처럼 한숨을 내쉬며 덧붙였다.

"남들은 다 잘하는데 왜 저만 이 모양일까요? 모성애는 본능 아닌가요? 그래서 제 자식은 똥을 싸든 미친 듯이 울어대든 다 예뻐야 하는 거 아니에요? 도대체 모성애는 언제쯤 생겨나는 건가요?"

이 엄마의 고민에 공감하는 사람이 적지 않을 것이다.

사실 아기가 태어나자마자 젖을 주고, 기저귀를 갈아주고, 아기가 "앵" 하고 울면 무엇 때문인지 척척 알아들어서 아기를 일순간 생글생글 웃게 만드는 재주를 가진 엄마는 이 세상에 아무도 없다. 책으로 열심히 선행 학습을 한 엄마들도 막상 아기에게 어떻게 젖을 물려야 하는지 모른다. 아기를 안고 트림을 시켜야 한다는데, 트림은커녕 아이를 안는 것조차 어설퍼서 휴대폰 거치대처럼 아기를 걸어놓을 만한 곳이 있었으면 좋겠다는 생각이 간절하다.

산후조리원에 가보면 눈이 퉁퉁 붓고 얼굴에 웃음기를 잃은 초보 엄마들의 모습도 눈에 띈다. 아닌 척 애쓰고 있지만, 아기가 태어나면서 닥친 이 상황이 당황스럽거나 힘겨운 게 분명하다.

하지만 그때의 얼굴 표정은 아기가 백일이 지나고 돌을 맞아도 변함이 없다. “공부가 제일 쉬웠어요” 하는 사람은 봤어도 “육아가 제일 쉬웠어요” 하는 사람은 본 적이 없다. 아기를 낳고 키우는 일은, 아니 엄마가 되는 일은 처음부터 끝까지 쉬운 게 하나도 없다.

우리들은 각종 교육과 책을 통해 ‘모성애는 본능’이라고 배웠다. 야생의 동물들이 태어나자마자 걷고 어미의 젖을 빠는 것이 본능인 것처럼, 모성애 또한 본능이기 때문에 엄마의 눈에는 자기 아기가 더없이 사랑스러우며 위험이 닥치면 자신의 목숨을 바쳐서라도 아기를 지키는 것이 당연하다는 말이다.

실제로 뉴스에서는 위험한 순간에 초능력을 발휘해서 아기를 구한 엄마의 이야기가 가끔 나온다. 어떤 엄마는 12층 베란다 난간에서 떨어지는 아이를 맨손으로 받아내고, 또 어떤 엄마는 교통사고로 뇌사 상태인 가운데서도 아기를 무사히 출산한 뒤 숨을 거두었다는 그런 기적 같은 일들 말이다. 아, 이런 것이 진정한 모성애란 말인가!

그러나 영국 옥스퍼드대학교 교수이자 생물학자인 리처드 도킨스는 그의 저서 『이기적 유전자The Selfish Gene』에서 다른 주장을 펼친다. 인기 드라마 〈SKY 캐슬〉에 나와 다시 한번 주목받은 『이기적 유전자』에서는 모성애를 '자기와 비슷한 유전자를 많이 남기기 위해 가족이나 친족에게 애착을 보이는 이기적 행위'라고 말한다. 단순히 유전자 보존을 위한 행위라는 말이다.

또한 그는 우리가 통상적으로 말하는 '모성애'는 강한 자가 약한 자를 위해 희생하는 이타적인 개념이라고 말한다. 엄마가 아기에게 가지는 본능적인 사랑과 희생이 아닌, 강한 자(엄마)가 약한 자(아기)를 보호하고 보살피는 그런 행위 말이다. 그런 의미에서 보면 부성애와 모성애가 다르지 않다.

그러나 리처드 도킨스의 주장에 대한 반발도 적지 않다.

"동물의 세계에서는 강한 놈이 약한 놈을 잡아먹는 것이 당연한 일입니다. 하지만 아무리 강한 동물이라고 해도 약하디약한 자기 새끼에게는 끔찍한 애정을 보이지요. 누가 가르친 것도 아니고 자기들이 본능적으로 그러는 건데, 모성애가 본능이 아니라면 뭐겠어요?"

하지만 동물과 인간은 생존에 대한 메커니즘이 다르다. 동물들은 약한 동물을 잡아먹음으로써 생존과 종족 번식을 할 수 있지만, 인간은 약한 동물을 지키고 서로 협력하면서 생존과 번식을 한다.

동물들이 새끼를 대하는 방식도 마찬가지다. 동물들은 새끼가 어릴 때는 먹이고 지켜주지만, 일정 시기가 지나면 매정하게 버리거나 오히려 서로 목숨 걸고 싸우기도 한다. 만약 모성애가 본능이라면 어미는 평생 새끼를 위해 희생하고 돌봐야 하며 새끼가 공격

하더라도 무기력하게 당해야 하지만, 동물의 세계에서는 새끼를 공격하고 죽이거나 잡아먹는 어미도 있다.

그렇다면 도대체 모성애란 무엇일까?

행동심리학에서는 모성을 본능이 아닌 '학습된 결과물'이라 말하고, 여성운동가들은 '사회적 강요에 의한 억압'이라고 말한다. 그리고 사전에서는 여전히 '자식에 대한 선천적이고 본능적인 어머니의 사랑'이라고 정의하고 있다.

다양한 학계의 학설과 주장이 있지만, 어쨌거나 엄마로서 내가 말할 수 있는 한 가지는 모성애는 본능이라기보다 오히려 책임감에 가깝다는 것이다. 사랑하는 사람과의 사이에서 태어난 작은 생명을 지켜내야 한다는 책임감 그리고 엄마인 내가 그 어린 생명을 보호하고 돌보기에 가장 적합한 상태라는 것에 대한 동의同意 같은 것이다. 그러므로 육아는 본능으로 하는 것이 아니라 책임감을 갖고 애써 노력하면서 '해내는' 것이다.

하지만 애석하게도, 책임감은 저절로 생겨나지 않는다. 마음 저 밑바닥에 숨어 있는 책임감을 불러일으키려면 일단 지금의 힘든 현실을 인정하고 받아들여야 한다. 그렇게 책임감을 장착한 다음 차근차근 단계적으로 육아 미션을 해결해 나간다면 용기와 자신감을 얻을 수 있다.

단, 이때 육아 미션에서 실패가 거듭된다면 오히려 자책으로 이어져 역효과가 날 수 있다. 최선을 다하는 것이 문제다. 잘하려고 애쓰다 보니 실수할 때 속상한 것이다. 혼자 감당이 안 된다면 주변 사람에게 도움을 요청하고, 모르는 것은 물어보면서 천천히 해나가면 된다. 아기는 엄마가 기진맥진해 있는지, 여유 있고 행복한 상태인지 다 느낀다.

서툴면 어떻고 한 번쯤 실수하면 또 어떤가. 육아에는 정답이 없다. 다른 사람과 비교하지 말고 아기와의 교감을 중요하게 생각하면서 책임감의 무게를 내려놓자.

저절로 되는 것은 없다. 그렇다고 모성애 때문에 심리적인 압박감을 가질 필요도 없다. 엄마가 처음이라 혹은 지금 이 상황이 처음이라 서툰 것이며 누구에게나 처음은 그런 것이니 괜찮다…. 괜찮다….

애착 관계의 70퍼센트는 3년 안에 형성된다

1989년, 세계를 경악에 빠뜨린 사건이 있었다. 20여 년간 독재 정치를 해오던 루마니아의 니콜라에 차우셰스쿠Nicolae Ceaușescu가 혁명으로 사형을 당하면서 루마니아의 비참한 실체가 드러났기 때문이다.

차우셰스쿠는 '인구가 곧 국력'이라 생각하고 국민들에게 피임과 낙태를 금지하였으며 가임 여성이라면 무조건 네 명 이상의 아기를 낳도록 강요했다. 그 결과 출산율은 높아졌지만 먹고사는 일조차 버거웠던 부모들은 아기들을 길거리나 고아원에 몰래 버렸다. 그래서 1989년 당시 고아원에 있는 고아의 수가 10만 명이 넘었다고 한다.

각 고아원의 보모들은 단 몇 명이서 수백 명의 아기를 돌봐야 했다. 제대로 보살핌을 받지 못한 아기들은 대부분 영양실조 상태였고 각종 질병을 앓고 있었으며 몸과 마음에 장애가 있었다. 일손이 모자란 보모들은 태어난 지 1년도 안 된 아기의 침대 기둥에 우유병을 매달아 두고 배고플 때 스스로 먹도록 방치했다.

그 결과 3세 즈음의 아이들은 10개월 수준의 아기처럼 작았으며, 운동 능력과 정신 기능이 정상의 3~10퍼센트 수준에 머물렀다. 그 아이들은 사람이 다가가도 반응을 보이지 않았고 상대방의 감정에도 관심이 없었으며 한두 가지 동작을 반복하고 있었다. 애착이 형성되는 시기에 무관심하게 방치된 아기들의 전형적인 모습이었다.

비참한 현실이 전 세계에 알려지면서 사람들의 안타까움이 더욱 컸던 이유는, 이로 인해 발생하는 문제를 단시간에 해결할 수 없다는 사실 때문이었다. 아기를 낳고 버린 부모, 비참한 환경에서 자란 아기, 그 아이가 낳은 다음 세대까지 트라우마를 갖고 살아갈 것이며, 그들로 인해 사회 전체가 영향을 받을 테니까 말이다. '아이는 나라의 미래'라는 말에 고개를 끄덕이게 되는 순간이다.

2002년, EBS TV특별기획으로 〈아기성장보고서〉 5부작이 방송되었다. 아기 성장과 관련해서 이론으로만 알고 있던 혹은 긴가

민가했던 연구들을 실험을 통해 검증하는 프로그램이었다. 메리 에인스워스Mary Ainsworth의 '낯선 상황 실험'을 통해, 같은 조건에 있는 아기들이 서로 다른 행동을 보이는 이유가 무엇인지 알아보고, 애착 유형을 구분하는 것도 그중 한 가지였다.

에인스워스의 실험은 낯선 곳에서 아기와 함께 있던 엄마가 잠시 사라진 후 다시 돌아왔을 때 아기가 어떤 반응을 보이는지 살펴보면서 애착 유형을 분석하는 것이었다.

이때 안정 애착을 형성한 아이들은 엄마가 나갔을 때 울거나 찾지만, 엄마가 돌아온 후에는 엄마에게 달려가 안긴 뒤 쉽게 진정하고 다시금 낯선 곳을 탐색하거나 놀이로 돌아갔다. 그러나 불안정 애착을 형성한 아이들은 엄마가 없어도 무관심하거나, 엄마가 돌아온 후에도 막무가내로 울거나, 다시 돌아온 엄마를 보고 오히려 화를 내고 밀치는 행동을 보였다.

불안정 애착의 세 가지 유형

1. 회피 애착

평상시에 아기의 욕구를 무시하거나 짜증을 내며 야단을 치는 육아 태도로 인해 만들어진다. 엄마로부터 무시당했던 기억 때문에 애착 행동을 포기하고 다른 곳으로 관심을 돌린다. 또는 엄마를 무시하고 회피한다. 이 아기들은 자신의 감정 표현을 억제하고 특별한 감정을 일으키는 활동 자체를 회피한다.

2. 저항 애착

어떤 때는 아기의 신호에 민감하게 반응했다가 어떤 때는 무시하는, 부모의 일관성 없는 양육 태도로 인해 만들어진다. 아기는 예측할 수 없는 부모의 반응에 불안하고 화가 나 엄마에게 과도하게 의존하거나 과장된 애착 행동을 보인다. 그리고 자신의 감정을 조절하지 못한다.

3. 혼란 애착

엄마가 양육에 대해 무기력함과 두려움을 가지고 있을 경우 만들어진다. 경제적인 어려움, 스트레스, 우울한 감정에 놓여 있는 엄마들은 아기를 신체적·감정적으로 학대하거나 전혀 돌보지 않고 방치한다. 이러한 과정에서 아기에게는 엄마에 대한 공포와 더불어 의지하고 싶은 두 가지 마음이 같이 생겨난다. 세상에 적대적이며 이상 행동을 보여 사회에 적응하지 못한 채 어려움을 겪는다.

내 아이의 행동을 별 생각 없이 지나쳤는데 막상 실험을 통해 객관적으로 보게 되자, 불안정 애착을 형성한 아이의 엄마는 당혹감을 감추지 못했다.

생후 3개월부터 3세까지, 애착의 60~70퍼센트가 형성된다. 그리고 이 시기에 형성된 애착은 사람의 평생 성격을 좌우하기도 한다. '세 살 버릇 여든까지 간다'는 옛 속담이 딱 맞다.

하지만 안정 애착이 중요하다는 이론을 잘 알고 있음에도 불구하고, 초등학생을 대상으로 실험한 결과, 실제로 안정 애착을 형성하고 있는 아이는 60퍼센트 정도밖에 되지 않았다.

'직장 일, 집안일, 그다음이 아기'인 워킹맘, 반복되는 육아에 신경이 날카로워진 나이 어린 엄마 혹은 나이 많은 엄마, 자신의 부모와 애착 문제가 있는 엄마 등은 아기와의 애착 관계에서 어려움을 겪는다.

그러나 어려울 뿐이지 불가능한 것은 아니다. 앞서 말한 것처럼 육아는 책임감과 노력이므로, 자신의 문제점을 알고 있다면 노력을 통해 얼마든지 바꿔나갈 수 있다.

"맞벌이를 하다 보니 아기와 함께 있는 시간이 얼마 없어요. 제가 회사를 그만두어야 하나요?"

이런 고민을 할 필요는 없다. 연구 결과 안정 애착 형성은 시간에 비례하는 것이 아니라 아기의 욕구에 얼마나 민감하게 지속적으로 반응하느냐에 따라 달라진다고 한다. 다시 말해 아기와 함께 있는 시간 동안만이라도 아기가 원하는 것을 해주고, 눈을 맞추며

웃거나 스킨십을 한다면 안정적인 애착 형성이 가능하다는 말이다.

하지만 아기가 무얼 원하는지 알아차리기가 쉽지 않다. 대화가 통하는 것도 아니요, 아기가 울음을 터뜨리거나 떼를 써야 그때서야 '왜지?' 하는 수준이니 무슨 수로 아기의 욕구에 맞춰 그때그때 반응하겠는가.

아기의 입장에서 생각해 보자

배부르고, 따듯하고, 편안하고, 조용하고…. 엄마 뱃속에서 아기는 40주 동안 그렇게 지냈다. 아기가 위험을 느낄 만한 요소가 전혀 없었으며 엄마와의 일체감 속에서 안정적으로 지냈다. 그러다가 갑작스럽게 세상 밖으로 나온 것이다.

자연분만이든 수술을 통한 출산이든, 아기에게는 세상의 모든 것이 충격이다. 엄마의 탯줄과 분리되어 춥고, 눈부시고, 소란한 세상에 무방비 상태로 나왔으니 아기는 죽음과도 같은 공포를 느꼈을 것이다. 그래서 요즘에는 출산 시 분만실의 조명 밝기를 낮추고 아기가 태어난 뒤 1~3분 다음에 탯줄을 잘라 아기의 불안감을 줄이기 위해 노력한다고 한다. 의사와 산모의 눈높이가 아닌, 아기의 입장을 생각하고 공감한 배려다.

아기의 입장에서 생각한 육아법도 있다

콜롬비아 보고타의 소아과 의사인 헥토르 마르티네스Héctor Martinez 박사와 에드거 레이Edger Rey 박사는 1983년에 엄마가 아기와 맨살을 맞대고 돌보는 새로운 육아법을 고안해 발표하였다.

그들의 연구에 따르면, 포대기를 둘러 엄마와 살을 밀착한 아기는 엄마의 체온을 느끼고 심장박동을 들으면서 심리적인 안정감을 얻고 옥시토신 분비가 높아졌다. '사랑의 호르몬'으로 알려진 옥시토신은 아기에게 평온감, 행복감, 안정감을 주며 스트레스 호르몬인 코르티솔의 분비를 낮추고 면역력을 높인다.

그 덕분에 육아법을 적용한 아기들은 덜 울고, 공기 중에 떠돌아다니는 세균에 감염될 확률이 낮아질 뿐만 아니라, 심장박동 수는 안정되고, 산소포화도•가 높아졌다.

이러한 결과가 발표되자, 갓 태어난 아기와 맨살을 맞댄 채 포대기를 두르고 있는 모습이 캥거루를 닮았다 하여 일명 '캥거루케어'로 알려지기 시작했다. 그리고 캥거루케어의 우수성이 입증되면서 미국, EU 등 선진국 여러 나라에서도 이 방식을 도입했다. 이것이 점차 보편화되면서 2002년, 미국 내 신생아집중치료실 1,133곳을 대상으로 조사한 결과 82퍼센트가 캥거루케어를 적용하고

• 들이마신 산소를 몸속에서 사용하는 양. 산소포화도가 낮으면 숨을 빨리 쉬어야 한다.

있는 것으로 드러났다고 한다.

캥거루케어는 아기에게만 좋은 영향을 미치는 것이 아니라 엄마의 호르몬 수치에도 영향을 주었다. 산모들은 출산 후 대부분 우울감, 불안감을 느끼는데 캥거루케어를 하는 산모에게서는 그 비율이 현저히 떨어졌다고 한다. 그리고 엄마의 옥시토신 분비도 활발해지고 유선이 자극돼서 모유 수유가 원활해져 육아에 대한 스트레스가 적어졌다는 것이다.

캥거루케어가 산모와 아기 모두에게 긍정적인 영향을 미친다는 결과가 세계 유수의 의학 연구팀에 의해 속속 보고되자 이제 미숙아뿐만 아니라 정상 분만된 아기에게도 권장하는 육아 방법으로 자리를 잡았다. 최근에는 유명 아나운서가 갓 태어난 딸을 캥거루케어하고 있는 사진이 SNS에 올라와 화제가 되기도 했다.

이 즈음에서 우리 조상들의 지혜에 다시 한번 감탄하게 된다. 우리는 예부터 아기를 업거나 안고 다니는 포대기 문화를 갖고 있었으니 말이다. 포대기 문화의 우수성이 알려지면서 유튜브에는 포대기 사용법과 사용 시기 등을 알려주는 동영상이 올라왔으며, 실제로 외국에서도 'Podaegi포대기'로 널리 알려져 있다.

캥거루케어의 생리적인 효과 외에 더욱 중요한 것은 아기와 엄마 사이의 안정적인 애착 형성이다.

아기가 세상에 태어나서 스스로 할 수 있는 일이라고는 울기와 젖 먹기밖에 없다. 그리고 이때 아기가 절실하게 필요로 하는 사람은 '엄마'다. 모든 동물이 어미의 보살핌 없이는 태어나서 살아남지 못한다. 어미는 새끼를 자신의 목숨보다 소중히 여기고, 새끼는 어미를 절대적으로 신뢰하며 의지한다. 헌신과 신뢰, 이것이 생명 유지의 가장 기본적인 메커니즘이다.

배가 고픈 아기는 자기 의사를 전달하기 위해 있는 힘껏 운다. 그러면 엄마는 밥을 먹고 있거나 화장실에 있다가도 쏜살같이 달려와 아기에게 젖을 준다. 축축한 기저귀가 불편한 아기는 이번에도 목청껏 운다. 엄마는 모든 일을 멈추고 아기를 이리저리 살피다가 기저귀를 갈아주고 궁둥이를 토닥토닥하면서 어른다.

그때 아기는 생각한다. '아, 엄마는 자신보다 나를 더 위해주고 있구나!' 이것은 지능으로 아는 것이 아니라 본능으로 느끼는 것이다. 누가 알려주는 것이 아니라 아기의 느낌이 아기를 일깨운다.

아기가 온 얼굴을 구기면서 울 때 아기의 상태를 가장 먼저 알아차릴 수 있는 육아법이 캥거루케어다. 살을 맞대고 있다 보니 아기의 배 속이 꼬물거리는 느낌, 아기가 울 준비를 하면서 몸에 힘이 들어가는 자세 등이 엄마에게 그대로 전달된다. 그러므로 캥거루케어를 받는 아기들은 떼를 쓰면서 울 일이 거의 없다. 그러기 전에 엄마가 문제점을 해결해 주니 말이다.

하지만 캥거루케어는 아기의 애착을 안정적으로 만들어가는 한 가지 방법일 뿐이다. 아기에게 관심을 갖고 상호작용하기 쉬운 방법이 있다면 그것을 위해 노력해야 한다. 태어나서 3개월부터 3세까지, 비록 2년 안팎의 기간이지만 그 시기에 아기의 평생 성격과 감성, 인성이 만들어지기 때문이다.

아이와 밖에서 노는 엄마 VS 아이와 집에서 노는 엄마

"아기 때문에 줄에 묶인 기분이에요. 화장실 갔다가도 아기가 울면 정신없이 뛰어나와야 하고, 밥도 한자리에 앉아서 먹질 못해요. 언제쯤 밖에 나가 친구 만나고, 영화 보고, 여행도 다니면서 사람처럼 살 수 있을까요?"

아기가 태어나면 '그래도 뱃속에 있을 때가 속 편한 거야' 하던 선배 엄마들의 말뜻을 알게 된다. 입덧할 때는 그때만 지나면 살 것 같지만 시기가 지날수록 허리며 골반이 아파서 끙끙대고, 또 그 시기가 지나면 몸이 붓거나 무거워서 힘들다. 임신 40주의 시간은 그렇게 어딘가가 불편하거나 아픈 상태로 더디게 지나간다.

그러나 아기가 태어난 이후에도 크게 달라지는 것은 없다. 낳기만 하면 해방(?)될 거라는 생각과 달리 또 다른 시련이 기다리고 있다. 사람들의 축하도 그때뿐이고, 육아휴직도 달갑지 않다. 시어머니의 미역국 수발은 신물이 날 지경이다. "잘 먹어야 한다"라는 말은 나를 위해서가 아니라 아기를 위해서임을 은연중에 알아버렸기 때문이다.

이즈음이면 바람은 딱 한 가지다. 아기를 빨리 키워서 어린이집에 보내놓고 해방의 감격을 맛보는 것. 그러려면 적어도 3~4년은 지나야 하는데…. 너·무·길·다!

그래서 성급한 엄마들은 백일된 아기를 들쳐 업고 나들이에 나선다. 햇살 따듯한 봄날이면 더욱 좋고, 더운 여름이나 쌀쌀한 겨울도 상관없다. 0세 자녀를 둔 엄마를 위한 교육 프로그램도 있고, 영유아 건강 교실도 있고, 엄마들의 커뮤니티에서 학습과 정보 교환을 목적으로 한 모임도 있고…. '다 아기를 위해서' 나가야만 하는 이유가 있다.

엄마들의 커뮤니티에 이런 질문이 올라왔다.

아기가 120일 정도 됐는데, 요즘 너무 추워서 외출을 거의 안 하고 있어요. 외출하려면 분유며 기저귀, 갈아입을 옷에 장난감까지, 챙겨야 할 것도 많고 힘이 들기도 하고요. 아기가 엄마를 잘못 만나 세상 구경도 못

하고 있는 것 같아 미안한 마음이 들어요. 다른 분들은 어떠신가요? 외출 많이 하시나요?

이 질문에 댓글이 줄줄이 달렸다.

⇨ 우리 아기는 100일 때부터 버스와 지하철 타고 서울과 인천을 오갔어요. 그래서인지 지금도 버스나 지하철 타도 얌전하게 가만히 있어요.

⇨ 내가 워낙 돌아다니는 걸 좋아해서 50일 되면서부터 애 안고 돌아다녔어요. 그래도 병원 한 번 안 가고 건강하게 잘 지냈어요. 밖에 돌아다니면서 오히려 면역력이 강해졌나 봐요.

⇨ 대형 마트나 백화점 등 사람 많은 곳에 가면 수유실이 있으니 그곳에서 젖 먹이고 기저귀 갈아주면 됩니다.

⇨ 우리 아기는 밖에만 나가면 울지도 않고 얌전해서 6개월 때부터 유모차에 태워 일부러 밖으로 데리고 나갔어요. 슬슬 마실 나가서 커피숍에 앉아 커피도 한 잔 마시고 또래 엄마와 수다도 떨어 보세요. 스트레스가 풀리고 좋아요.

선배 엄마들의 조언을 읽으면 '아, 힘들고 귀찮아도 좀 나가야겠구나!' 하는 생각이 든다. 아니, 적극적으로 나가서 씩씩하게 돌아다녀야 할 것 같다. 하지만 엄마들의 댓글에는 가장 중요한 고민 한 가지가 빠져 있다.

"밖으로 돌아다니는 것을 아기도 좋아할까?"

익숙하고 편안한 공간에서 안정감을 느낀다

아기가 원하는 것은 세상 구경이 아니다. 소란하고 낯선 환경이 아기에게는 불편하다. 애착은 늘 익숙한 공간, 편안하고 안정감이 느껴지는 상태에서 자연스럽게 생겨난다. 그래서 전문가들은 24개월까지는 바깥에 많이 돌아다니지 말고 익숙한 집 안에서 지내는 것이 좋다고 말한다.

예를 들어 어느 날 아기를 데리고 키즈카페 갔다가, 유아마사지센터에 갔다가, 수족관에 들러서 아기에게 물고기도 보여주고, 저녁까지 먹은 다음 집으로 돌아왔다고 가정해 보자. 엄마는 아기를 위해 최선을 다한 '알찬 하루'라고 생각하겠지만 아기는 시차가 다른 여러 나라를 돌아다니면서 여행한 것처럼 불안을 느낀다.

아기는 시간 개념이 없기 때문에 한 시간 전과 하루 전을 구분하지 못한다. 어제 한 일과 오늘 한 일을 시간별로 나누거나 순서대로 기억하지 못한다. 더군다나 엄마에게는 짧게 지나간 하루가 아기에게는 너무나 길게 느껴진다.

낯선 곳에 갔을 때, 엄마가 아기 곁에 붙어서 상황을 충분히 얘기해주면 좋으련만 키즈카페에 도착하자마자 엄마는 낯선 아기들 틈에 자신을 놓아둔 채 어디론가 가버린다. 유아마사지센터에서는 낯선 손길이 자기 몸을 만지도록 내버려두고, 어두컴컴한 수족관에서는 무섭게 생긴 물고기들 사이로 자기를 끌고 들어간다. 적어도 아기 입장에서는 그렇게 느껴진다.

엄마의 알찬 하루가 아기에도 그랬을까?

아기의 혼란과 불안을 줄이기 위해서 낯선 공간은 천천히, 조금씩 개방하는 것이 좋다. 처음에는 또래 엄마들, 아기들과 특정 공간에서 약속한 시간에 만난다. 예를 들어, '매주 수요일 보람이네 집에서 10시', '매주 화, 목요일 우리 집에서 2시'. 이런 식으로 일주일에 한두 번 똑같은 사람들과 만나면서 얼굴을 익힌다.

물론 이때는 엄마가 직접 아기의 활동에 간섭하지 않고 한 걸음 떨어져서 앉는다. 아기가 불안함을 느끼거나 사랑을 확인하고 싶을 때 언제든 달려와 안길 수 있는 거리가 좋다. 놀이에 몰두한 아이는 가끔 엄마의 존재를 잊기도 한다. 엄마를 생각해 내고 확인하는 것만으로도 안심한다. 그런 일상을 아기가 익숙하게 여길 때까지 한동안 반복한다.

아기가 공간과 사람에 대한 거부감이 없어지면 공간을 다른 곳으로 옮기거나 만나는 사람의 수를 늘리는 것이 좋다. 아기가 또래들과 어울려 노는 동안 엄마는 아기를 지켜보고, 눈을 맞추고, 아기가 뭔가를 말하려 할 때 그 행동에 반응한다.

이제 아기는 엄마가 자신을 향해 "친구 만나러 가자"라고 하면 '아, (익숙한) 그곳에 가서 (내가 알고 있는 그) 친구들을 만나겠구나!' 하고 예측할 수 있게 된다. 예측할 수 있는 일들은 아기에게 더 이상 불안한 요소가 아니다.

공간과 더불어 중요한 것이 '반복'이다. 아기가 만나는 세상은 모든 것이 '처음'이다. 그것을 익숙하게 느끼기까지 무수한 반복이 필요하다. 반복을 통해 아기는 세상을 알고 주변과 관계 맺기 시작한다.

예를 들어 하루 세 번 먹던 이유식을 어떤 날은 한 번만 주고 어떤 날은 너덧 번씩 준다면 아기의 위장과 대장은 어떻게 될까? 불규칙한 식사에 적응하지 못해 단번에 탈이 나고 말 것이다. 다행히 몸의 이상은 쉽게 알 수 있지만, 의사소통이 수월하지 않은 아기의 마음은 잘 드러나지 않는다. 그래서 오랜 시간이 지난 다음에 '아차!' 하고 후회하게 된다. 반복을 통해 익숙해지는 것은 이와 마찬가지다.

그렇다고 너무 염려할 필요는 없다. 평범한 일상에서 반복적이고 규칙적인 생활 리듬을 만들면 된다. 정해놓은 시간에 일어나고, 밥을 먹고, 놀이하고, 잠을 잔다면 아기는 언제쯤 먹고 자야 하는지를 알기 때문에 불안해하지 않는다.

밖에서 놀 때와 집 안에서 쉴 때의 시간 균형과 조화도 필요하다. 아기를 푹 잠들게 하겠다는 생각으로 놀이 시간을 무리하게 늘리면 아기는 놀이를 충분히 즐기지 못할뿐더러 피로감 때문에 수면 리듬도 깨진다.

그러나 이 모든 것에서 한 가지 명심해야 할 것이 있다. '반복'이 중요하다고 하니까 기계적이고 강압적으로라도 꼭 그렇게 해야 한다고 생각해선 안 된다. 어른과 마찬가지로, 아기들 또한 컨디션이 안 좋아서 움직이기 싫고 짜증이 날 때가 있다. 오늘은 외출해서 친구와 놀이를 하는 것보다 그냥 집에서 엄마와 뒹굴뒹굴하면서 놀고 싶을 때도 있다.

외출하기 싫다고 떼쓰는 아기에게 "안 돼. 오늘은 놀이 친구들과 만나기로 약속한 날이잖아. 다른 친구들이 기다리고 있으니까 어서 옷 입고 나가자"라고 강압적으로 이끈다면 아기는 자신의 의사가 거절당한 것에 대해 상처를 받을 수 있다. 그리고 상처받은 아기는 이후 싫다는 의사 표현을 아예 안 한 채 엄마가 시키는 대로 수동적인 반응을 보일 것이다.

'나를 지켜주는 사람, 필요할 때 도와주는 사람, 기분 좋게 해주는 사람, 나를 우선으로 배려해 주는 사람이라고 생각했는데 아니구나!' 하고 마음의 문을 닫아버릴 수 있다. 그간의 애착 관계가 어떠했느냐에 따라 다르지만, 사소한 몇 번의 거절로도 아기는 그렇게 생각할 수 있다.

아기가 떼를 쓴다면 우선 그 원인이 무엇인지 알아봐야 한다. 아무 이유 없이 떼를 쓰지는 않는다. 자신이 하고 싶은 말이나 원하는 것이 있는데 그것을 표현하기 어렵기 때문에 떼를 쓸 수밖에 없는 것이다.

엄마가 아기의 상태를 알아보기 위해 보듬고 토닥이고 말을 거는 과정에서 아기는 일단 떼쓰기를 멈춘다. 아니, 떼쓰기를 멈출 때까지 엄마는 아기와 눈을 맞추고 사랑을 전해야 한다. 그렇게 엄마의 사랑을 확인한 아기는 무언가 자신의 의사를 전달하기 위해 애를 쓸 것이다. 그것이 아기와 엄마의 소통 방법이다.

"떼쓰는 아기를 무조건 오냐오냐해야 하는 건가요? 그러다가 떼쓰는 게 습관이 되고 버릇이 나빠지면 어떡해요?"

엄마들은 어느 시점에서 얼마나 강하게 아기를 훈육해야 하는지, 늘 고민스럽다.

나는 훈육에 대해 엄격한 편이다. 예의 없고 이기적인 아이는 학교에서든 사회에서든 문제를 겪게 된다. 그러므로 적절한 시기에 "안 돼!"를 가르쳐야 한다.

그 시기는 24개월 이후다. 아이마다 차이는 있지만 24개월 이전에는 "안 돼"의 의미를 훈육이 아니라 자신에 대한 거절로 받아들이고 상처를 받는다. 그리고 불안정한 애착 관계를 만들게 된다. 24개월 이전에는 아기에게 하고 싶은 것을 스트레스 없이 즐겁게 하도록 해주고 칭찬과 격려로 긍정적인 정서를 갖게 해야 한다.

4

아기의 뇌 용량 키우기

사람의 뇌는 태어나면서 결정되는 것일까?

TV 프로그램에 나와서 어려운 피아노곡을 단숨에 외워서 치고, 유명 화가도 놀랄 만큼 뛰어난 그림을 그리고, 영어는 물론 중국어와 스페인어까지 척척 말하는 아이들이 있다. 신기하기도 하고 한편으로는 '뭐지?' 하는 생각도 든다.

그 아이들은 태어날 때부터 우월한 유전자를 갖고 있었던 것일까, 아니면 엄마의 특별한 교육 노하우가 있는 것일까?

또래의 아이를 둔 엄마들은 '그렇다면 내 아이는?' 하는 생각에 마음이 조급해지고, 지금부터라도 뭔가를 새로 시작해야 하나 걱정이 앞선다. 그 아이가 내 아이와 사회에서 경쟁해 나갈 상대라고 생각하면 내 아이의 미래가 불안하다.

남들보다 한 발이라도 먼저 '교육'이라는 것을 해야 하는 건지, 아니면 미리 스트레스를 줄 필요 없이 아이 스스로 호기심을 가질 때까지 기다려야 하는 건지 그게 참…. "소장님, 아기 교육은 언제부터 해야 하나요? 빠르면 빠를수록 좋은 건가요?" 엄마들이 조심스럽게 질문하는 이유다.

사람의 뇌는 선천적인 뇌와 후천적인 뇌로 나뉜다. 다시 말해 태어날 때부터 유전적으로 물려받은 것이 절반이고, 나머지 절반은 살아가면서 완성된다는 것이다.

최근 스코틀랜드 에딘버러대학교 연구팀은 지능지수IQ와 관련된 유전적 요인을 찾기 위해 2만 명의 DNA를 조사한 결과, 유전자가 지능지수에 관여한다는 사실을 확인하고 이를 미국 정신의학 전문학술지인 「분자정신의학」에 발표했다.

그간 과학자들은 사람의 지능이 선천적인지 후천적인지를 밝혀내기 위해 많은 노력을 해왔는데, 번번이 지능이 부모에게서 유전된다는 결과가 나타났다.

하지만 한 가지 더 눈여겨볼 통계가 있다. 전체 노벨상 수상자 중 25퍼센트, 세계 30대 기업 중 12개 기업의 CEO, 할리우드 최상위 계층의 60퍼센트, 아이비리그 대학생 중 27퍼센트, 미국 로

펌 변호사 중 40퍼센트, 영향력 있는 지식인 중 76퍼센트…. 이밖에도 다양한 분야에서 두각을 드러내는 사람들이 있으니, 바로 유대인이다. 하지만 전 세계 108개국 국민들의 평균 아이큐를 순위별로 알아본 결과 이스라엘 국민의 평균 아이큐는 94로, 45위를 차지했다. 반면 우리나라 국민의 평균 아이큐는 106으로, 세계에서 1, 2위를 다투는 수준이다.

노벨상을 받고, 세계적 기업의 CEO가 되고, 명문 대학에 입학하는 등 남보다 월등한 삶을 살고 있는 그들이라면 당연히 아이큐가 뛰어날 것이라는 예상에서 벗어난 통계다.

우리나라 방송인 전현무 씨의 경우도 그러하다. 예능과 MC분야에서 두각을 드러내며 사랑받고 있는 그는 언론고시 그랜드슬램을 달성한 엘리트로 잘 알려져 있다.

그는 연세대학교 영문과를 졸업한 후 조선일보 기자가 되었다가 일주일 만에 퇴사, 곧바로 YTN 앵커로 합격해서 2년간 뉴스를 진행했다. 그리고 곧 KBS아나운서에 응시해 합격했다. 일류 신문사와 방송국 두 곳, 이렇게 언론사 공채를 휩쓴 사람은 전현무 씨가 유일무이하다.

그렇다면 그의 아이큐는 얼마나 될까?

tvN 예능 프로그램인 〈문제적 남자〉를 처음 시작할 때 출연진들의 학창 시절 생활기록부가 공개됐는데 그 당시 전현무 씨의 아이큐는 108이었다. 대한민국 평균보다 조금 높은 수치다. 이에 전현무 씨는 "난 후천적으로 공부를 열심히 한 스타일"이라고 해명했다.

유대인이 뛰어난 성과를 올리며 세계에서 두각을 드러낼 수 있었던 이유는 무엇일까? 전현무 씨는 아이큐와 상관없이 어떻게 언론고시에서 그랜드슬램을 달성할 수 있었을까?

그것은 '후천적인 뇌'의 영향이라고 볼 수 있다. 서점에 나가보면 유대인 교육법과 관련한 책이 수십 가지에 이른다. 우리나라뿐만 아니라 세계에서도 유태인식 교육법이 주목을 받고 있다. 즉 그들이 이룬 성과가 선천적인 것이 아닌, 양육 과정에서 비롯된 것이라는 말이다. 전현무 씨의 경우도 마찬가지다.

선천적인 뇌를 훌륭하게 갖고 태어났다 하더라도 양육 과정에서 학대받거나 방치된다면 뇌는 성장을 멈추고 퇴화한다. 그러나 반대의 경우도 성립한다. 선천적인 뇌가 평균보다 떨어진다 하더라도 양육 과정에서 훌륭하게 성장할 수 있다.

결론은, 유전자에 의해 선천적으로 지능이 결정되는 것은 맞지만 그것보다 후천적으로 어떻게 양육되었느냐에 따라 전혀 다른 삶을 살아간다는 것이다.

시냅스가 왕성하게 만들어지는 시기

아기는 태어나서 24개월까지 선천적인 뇌를 쓰며 36개월까지 그 영향이 이어진다. 그 이후에는 후천적인 뇌의 발달이 이루어지는데, 선천적인 뇌를 사용하는 시기에 뇌의 용량을 크게 만들어주는 것이 중요하다. 그렇지 않고 후천적인 뇌(36개월 이후)만 키워주면 나중에 뇌에 과부하가 걸려 아이가 학습에 거부감을 가질 수 있기 때문이다.

사람의 뇌는 태어날 때 90퍼센트 정도 만들어진 상태라고 볼 수 있다. 하지만 뇌세포의 수가 그렇다는 것이지 지능이나 뇌의 활동 능력이 결정된 것이라는 뜻은 아니다.

뇌세포의 수는 아이와 어른이 크게 차이나지 않지만, 한 가지 주목해야 할 점은 뇌의 무게다. 갓 태어난 아기의 뇌는 평균 340그램 정도라고 한다. 하지만 생후 1년 즈음이면 1,100그램이 되고, 6세면 어른 뇌 무게의 90퍼센트 정도가 된다. 생후 1년 사이에 뇌의 무게가 3.2배나 증가한 것은 놀라운 현상이다.

"아기가 크면서 몸무게가 늘고, 그래서 뇌의 무게도 늘어난 것이겠지요."

물론 성장하면서 뇌세포가 커진 것은 맞지만 가장 큰 이유는, 태어나서 24개월까지 '시냅스'가 무서운 속도로 증가하였기 때문이다. 생후 24개월이 될 때까지 초당 4만 개 정도의 시냅스가 생성된다는 보고가 있다.

시냅스는 신경세포에서 뻗어 나온 가지로, 신경세포와 신경세포를 연결해 주는 고리 혹은 다리 역할을 한다. 하나의 세포에 천 개에서 십만 개의 시냅스가 뻗어 나와 있는데, 시냅스가 활성화되어 세포와 세포가 얼마나 잘 연결되어 있느냐에 따라서 뇌의 상태가 달라진다. 다시 말해 시냅스가 보다 긴밀하고 튼튼하게 뇌세포를 연결할 때 뇌가 활성화되면서 똑똑한 아이로 성장한다.

2011년 개봉한 영화 〈리미트리스 Limitless〉는 신개발 약물로 뇌의 기능을 100퍼센트 가동해 초능력을 갖게 된 사람들의 이야기다. 어찌 보면 허무맹랑한 공상과학 영화 같지만 사실 불가능한 것은 아니다. 시냅스가 활성화되면 사람은 상상 이상의 능력을 발휘할 수 있다는 것이 과학자들의 말이다. 나빴던 머리가 갑자기 좋아지는 것이 아니라 시냅스가 활성화되면서 초능력 비슷한 능력을 발휘할 수 있다.

하지만 시냅스는 몸이 성장한다고 해서 점점 많아지는 것이 아니다. 세포에서 뻗어 나온 그 많던 시냅스는 사용하지 않으면 사라진다. 반면 많이 사용하는 시냅스는 튼튼해진다. 이러한 현상을 '시냅스 가지치기'라고 한다.

그림에서 알 수 있는 것처럼, 시냅스가 가장 발달한 시기는 출

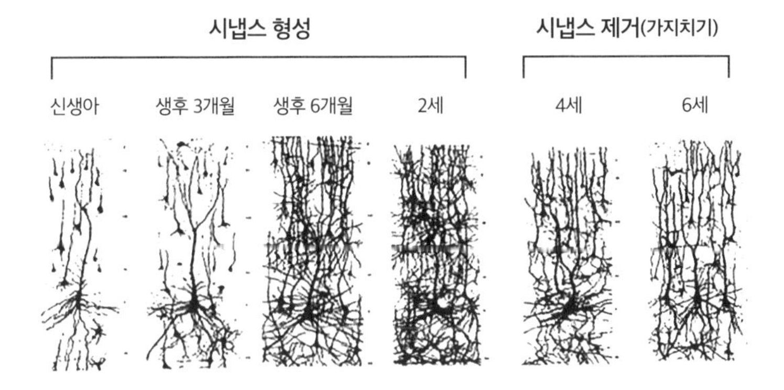

생 이후 24~36개월 즈음까지이며 이후부터는 서서히 줄어드는 양상을 보인다.

시냅스가 무수하게 가지를 뻗고 있을 때 아기는 집중하지 못한 채 산만하고 호기심이 왕성하다. 그래서 생각하지 않고 일단 손을 먼저 뻗기 때문에 이 시기에 사건 사고가 많다.

반면 어떠한 것이든 스펀지처럼 쉽게 흡수하는 능력을 발휘한다. 듣는 둥 마는 둥 하는 가운데 아기는 주변에서 벌어지는 상황과 소리를 흡수한다. 그리고 머릿속에 차곡차곡 기억을 쌓는다. 특별히 이때를 '영적인 것이 통하는 시기', '기적이 일어나는 시기'라고 말하는 데는 그만한 이유가 있다.

"그렇다면 시냅스가 왕성하게 만들어지는 24개월 이전의 아기에게 교육을 시키면 더 좋지 않을까요?"

물론 이 시기의 아이에게도 교육은 필요하다. 하지만 다른 아이보다 공부를 잘하기 위해서가 아니라 아이에게 올바른 습관을 만들어주고 자존감을 높이기 위해서다.

24개월 이전의 아기에게 가장 효과적인 것은 '5분 암시법'이다. 5분 암시법은 아기가 렘수면REM* 상태일 때 특정 메시지를 반복해서 들려주는 방법이다. 즉 아기가 잠이 든 뒤 5분 동안 아기에게 암시의 문장을 만들어서 들려주는 것이다. 아기가 당장 반응을 보이지는 않지만 무의식에 차곡차곡 쌓였다가 생활에 반영된다.

암시의 문장에는 다음과 같은 것이 있다.

"엄마는 네가 밥을 잘 먹고 건강했으면 좋겠어."

"잠자고 일어났을 때 기분이 아주 좋을 거야. 엄마는 그런 너를 보면 힘이 날 것 같아."

"엄마에게 너는 소중한 존재란다. 많이 사랑해."

"엄마는 너랑 얘기하고 노는 게 재미있어. 너도 원하는 게 있으면 엄마에게 꼭 말해줘."

5분 암시법에는 규칙이 있다. 주어는 '너'가 아니라 반드시 '엄마(나)'여야 하며, 부정적인 말이 아니라 긍정적인 말을 해야 한다.

* 얕은 잠 상태로, 눈을 감은 채 눈동자가 움직이고 뇌가 활성화되어 있다.

예를 들어 "아프지 않았으면"이 아니라 "건강했으면"으로 말하는 것이다. 그리고 왼쪽에서 말하면 자연스럽게 왼쪽 귀로 말소리가 들어가 우뇌의 잠재의식에 작용한다.

과연 효과가 있을까 싶지만, 신기하게도 아기는 엄마의 바람을 현실로 이루어준다. 아이가 말뜻을 이해하지 못해도 뇌의 시냅스 활동이 활발한 시기이므로 엄마의 말에 대해 무의식에서 "YES!" 하고 반응하기 때문이다.

5분 암시법은 이미 신경학자와 두뇌를 연구하는 학자들에 의해 검증되었고 많은 엄마들이 실제 경험담을 들려주고 있다. 엄마가 5분 암시법을 실천한 아이의 경우 생활 습관이 바르고 떼를 쓰지 않으며 자존감이 높다. 또한 의사 표현이 명확하고 부모와의 소통이 원활해서 애착으로 인한 문제가 생기지 않는다.

5

'혼자서도 잘 노는 아기'는 없다

"우리 아기는 혼자 내버려둬도 잘 놀아요."

자랑스럽게 말하는 엄마들이 있다.

"애가 몇 살인데요?" 하고 물으면 "아직 돌도 안 됐어요. 그런데도 보채거나 떼쓰지 않고 이리 뒹굴 저리 뒹굴 하면서 혼자 어찌나 잘 노는지 대견하다니까요. 그러다가 혼자서 잠이 들기도 하고요. 엄마 힘들까 봐 벌써부터 효자 노릇을 하네요."

"그럼 그동안 엄마는 뭐 하세요?"

"집안일해야지요. 집안일은 해도 해도 끝이 없잖아요. 어른 옷 아기 옷 따로 구분해서 빨아야지, 이유식 만들어야지, 먼지 떨어지지 않게 계속 청소기 돌려야지…. 아기가 태어난 이후 신경 쓸 일이 너무 많아졌어요."

"물론 여러 가지 힘든 상황이겠지만 무엇이 우선인지 생각해 볼 필요가 있어요. 지금 시기에 좋은 것 먹이고, 잘 입히는 것이 중요한지 엄마가 옆에서 같이 놀아주고 안아주는 것이 중요한지."

"그런데 제가 옆에 가서 말을 붙여도 애가 저한테 관심이 없어요. 혼자 노는 데 집중하느라고요. 어떨 때는 아기의 시간을 방해하는 것 같아서 일부러 내버려 둘 때도 있거든요. 이유식도 배가 고파 울거나 해서 먹이는 게 아니라, 제가 코앞에 밥그릇을 들이밀어야 그때서야 정신없이 먹어요."

"아기가 혼자 놀고 있을 때 엄마가 장난감을 들고 다가가서 재미있게 놀아주려고 시도해 본 적은 있나요?"

"물론이지요. 그런데 애가 저한테 관심이 없으니까 저도 그냥 그러다가 말지요."

흔히 벌어지는 오해다. 아기가 순해서 혹은 생각이 깊고 똑똑해서 혼자의 시간을 즐긴다고 생각하는 경우가 많다. 그러나 떼쓰지 않고 울지 않는다고 해서 아기에게 욕구가 없는 것은 아니다. 타고난 기질 면에서 표현이 서툴 수 있다. 혹은 언젠가 자신의 욕구를 표현했지만 외면당한 기억 때문에 표현에 소극적일 수도 있다.

울지 않고 혼자서 잘 노는 아기일수록 엄마가 먼저 다가가 장난감을 들고 놀아주거나 책을 읽어줌으로써 엄마와의 교감을 느끼도록 해야 한다.

"아기와 '어떻게' 놀아줘야 하나요? 교재나 교구 같은 것을 사야 하나요?"

의외로 이런 질문을 하는 엄마들이 많다. 하지만 그런 것 없이도 생활 속에서 얼마든지 재미난 놀이를 찾아볼 수 있다.

"엄마 코는 어디 있지? ○○이 코는 어디 있지? 코끼리 아저씨 코는 어디 있지?"

"똑똑똑! 토끼 아저씨가 왔나 보다. 토끼 아저씨가 제일 좋아하는 당근이 어디 있더라? 우리 같이 찾아볼까?"

신체와 사물을 익히는 놀이, 노래와 율동을 같이 하면서 음성자극을 주는 놀이 등 생활 속에서 함께할 놀이는 많다. 이 시기의 놀이는 말 그대로 '놀이'다. 학습이 아니니 아기가 즐겁게 놀고 따라 할 수 있는 것이 좋다. 신체와 사물을 익히는 것은 아기가 자신의 의사를 표현하는 데 꼭 필요하므로 자연스럽게 접하도록 한다.

엄마와 아기가 함께하는 생활 속 놀이 열 가지

1. 콩집기

알이 굵은 콩이나 구슬 등을 손가락으로 집어서 밥그릇에 넣는다. 아기가 성장하면 좀 더 작은 콩, 입구가 좁은 유리병으로 바꾼다. 콩이 익숙해지면 동전 줍기로 바꾼다.

2. 휴지 심 굴리기

공과 달리 긴 원통형의 휴지심은 집중하지 않으면 똑바로 굴러가지 않는다. 방바닥에 색실을 붙여서 선을 만든 다음, 선 따라서 휴지 심을 굴린다.

3. 색깔 공 고르기

색색가지 폼폼이를 큰 통에 섞어 넣은 뒤 엄마가 말하는 색을 아기가 찾도록 한다. 색종이를 접거나 붙여서 색공을 만들 수도 있다.

4. 그대로 멈춰라

'즐겁게 춤을 추다가 그대로 멈춰라' 동요를 틀어놓고, 동요에 맞춰 춤을 추거나 정확한 시점에서 멈춰 선다.

5. 꽃에 물 주기

"물 많이 먹고 쑥쑥 자라라"라고 말하며 분무기를 이용해 꽃에 물을 준다.

6. 빨래집게 집기

빨래집게를 이용해 양말이나 손수건, 작은 장난감 등을 건조대에 건다.

7. 폼폼이 얼음 만들기

집게로 폼폼이를 집어서 얼음트레이 한 칸에 한 개씩 넣는다.

8. 까꿍 놀이

8절 보드지에 물휴지 캡을 2~3개 일정한 간격으로 붙인 다음, 캡의 뚜껑을 열고 그 안에 엄마, 아빠, 할머니, 이모, 고모 등 가족의 사진을 붙인다. "까꿍" 하면서 캡을 열고 사진을 확인한 뒤 캡을 닫고, "할머니가 어디 있지?" 하는 식으로 질문을 던져서 가족과의 친밀감을 높인다.

9. 빨대로 불기

물컵에 물을 반 정도 채운 다음 굵은 빨대를 넣고 불어서 방울을 만든다.

10. 농구하기

깨끗한 양말을 돌돌 뭉쳐 공 모양을 만든 다음 바구니나 상자 안에 던져서 넣는다.

디지털육아, 언제부터 시작해야 하나?

요즘은 우는 아기를 달래기 위해서, 또는 식당에서 밥을 먹을 때 아기에게 스마트폰으로 동영상을 틀어주는 것을 종종 볼 수 있다. 집에서도 아기를 TV 앞에 앉혀놓으면 신기하리만치 조용해진다. 디지털 영상은 아기를 '인형처럼' 만드는, 즉 울거나 떼쓰지 않고 있는 듯 없는 듯 순한 아기로 만드는 만능열쇠 같은 느낌이다. 이것이 흔히 말하는 '디지털육아'다.

개중에는 디지털 영상을 통해 아기에게 교육을 시키는 부모들도 있다. 영어 애니메이션이나 다큐멘터리 프로그램을 하루 종일 틀어놓고 아기를 그 안에 노출시키면 은연중에 영어에 익숙해지고 귀가 틘다는 것이다.

그러나 그것은 잘못된 생각이다. 2016년, 미국 소아과학회는 24개월 미만의 아기가 디지털 기기에 접촉하지 못하도록 엄격히 규제하라고 권고했다. 말을 하기도 전에 눈과 귀로 강한 자극을 먼저 접하고, 손가락을 사용해서 자신이 필요한 것을 찾게 된 아기는 언어의 필요성을 느끼지 못한다. 그래서 말하지 않고, 누군가와 소통하기 위해 노력하지도 않는다. 디지털 기기를 가지고 노는 아기들과 그렇지 않은 아기들을 비교한 실험에서, 전자가 언어를 익히고 사용하는 데 있어 뒤떨어진다는 사실을 알 수 있다.

미디어 노출 시간·시기·형태 분석

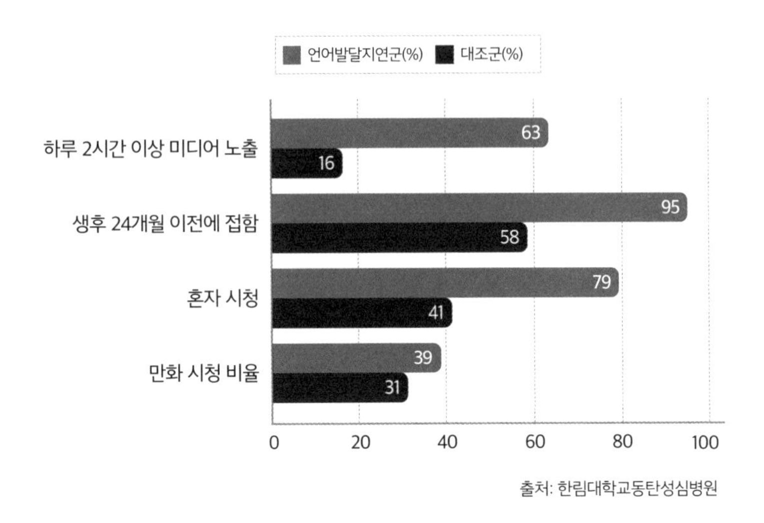

한림대동탄성심병원 소아청소년과 김성구 교수 연구팀은 2019년 4월, 아이가 미디어에 노출되는 시간과 언어 발달의 연관성을 비교 분석하여 발표하였다.

분석 결과, 언어발달지연군에서는 하루 2시간 이상 미디어에 노출된 아이들이 63퍼센트였지만 대조군에서는 16퍼센트에 그쳤다. 또 미디어를 처음 접한 시기는 언어발달지연군의 95퍼센트가 생후 24개월 이전이었지만, 대조군은 58퍼센트만 생후 24개월 이전에 미디어에 노출됐다.

미디어를 보는 방법 또한 차이가 있었다. 언어발달지연군은 혼자 미디어를 시청한 아이가 79퍼센트였지만, 대조군에서는 41퍼센트의 아이만이 혼자 미디어를 보고 절반 이상의 아이는 부모와 함께 미디어를 시청했다.

이러한 결과를 두고 볼 때, 아이를 디지털 기기에 노출하는 시기는 가급적 늦을수록 좋고, 아이 혼자 시청하게 하는 것이 아니라 부모가 곁에서 같이 시청해야 함을 알 수 있다.

디지털 기기의 문제는 언어 발달에만 있는 것이 아니다. 디지털 기기의 빛과 속도감, 편리함은 아이의 뇌를 둔하게 만들어 은근하고 섬세한 감정을 느끼지 못하고 '좀 더 자극적인' 것을 찾게 되며, 상대방의 감정에 공감하지 못하고, 쉽게 포기하거나 화를 참지 못하는 성격을 만든다.

뇌가 이렇게 변해가는 현상을 '팝콘브레인'이라고 하는데, 이것은 현 사회에서 점점 늘어나고 있는 잔혹한 범죄와 연관해 생각해 볼 수 있다.

"우리 아이는 안 그래요. TV나 스마트폰을 보고 있을 때는 얼마나 집중력이 높아지는지 몰라요. 그리고 거기서 보고 배운 것을 따라 하니까 다른 아이들보다 앞서요. 주변에서도 아이가 또래보다 똑똑하다고 칭찬하고…."

아이가 TV를 통해 영어를 배웠어요, 우리 아이 꿈은 과학자인

데 어릴 때부터 TV 다큐멘터리만 봤어요, TV를 보고 있는 동안 집중력이 좋아지기 때문에 다른 활동을 할 때도 몰입해서 잘해요 등 디지털 기기의 순기능을 강조하는 사람들도 있다.

물론 순기능이 아예 없다는 말은 아니다. 하지만 그러한 순기능을 누리기 위해서는 미디어에 노출되는 시기, 시간, 보호자의 동반 여부, 이렇게 삼박자가 잘 맞아야 한다. 아무런 제한 없이 단순히 육아로부터 해방되기 위해 아이를 미디어 앞에 방치한다면 오히려 주의력결핍장애ADHD의 원인이 될 수 있다.

결국 미디어는 만능 선생이 아니며 제한적이고 선별적인 미디어 시청이 바람직하다는 말이다.

지금, 내 아기는 성장을 준비하고 있다

24개월 전에는 엄마가 항상 아기와 함께 있어야 한다. 엄마의 몸짓, 말투, 행동 등 엄마의 일거수일투족이 아기에게 교육이고 자극이 되는 시기다. 그래서 더욱 엄마가 정확한 지식을 갖고 있어야 한다. 아기가 하루하루 자라는 동안 엄마도 하루하루 성장할 수 있도록 자신의 역할을 찾아야 한다. 24개월 아기들의 특징을 알고, 내 아기의 현재를 점검해 볼 필요가 있다.

도구 활용하기

생후 4, 5개월이면 이유식을 시작하고 평균 6개월 즈음이면 첫 번째 이가 난다. 이가 난 이후에는 죽 형태의 중기 이유식을 먹이기 때문에 8개월부터는 아이에게 숟가락을 쥐어주는 것이 좋다. 입에 들어가는 것보다 흘리고 묻히는 게 더 많지만 혼자 스스로 먹을 수 있게 해주어야 한다. "때가 되면 다 하니까 내버려 둬" 이렇게 이야기하지만, 그 '때'라는 것은 적절한 자극 없이는 절대 오지 않는다.

도구의 정확한 사용법을 엄마가 아기에게 보여주면서 알려준다. 아기 스스로 행동할 기회가 많을수록 자기가 가지고 있는 기질의 특성을 잘 발휘할 수 있다.

사물 인지로 뇌를 키워주기

이 시기에는 글자나 숫자를 아는 것이 중요하지 않다. 주변 사물의 이름을 알고 그것을 어디에 어떻게 쓰는지 아는 단계다. 그러므로 아기가 집중할 수 있도록, 흰 바탕에 사물이 그려진 그림 카드를 보여주는 것이 좋다. 여러 가지가 뒤섞이지 않은 단일한 사물이 있어야 한다.

예를 들어 흰 종이에 사과 그림이 그려진 카드를 보여주면서 "사과"라고 알려준다. 반복해서 알려준 다음 실제 사과를 가져와 아기와 함께 만져보며 "사과"라고 다시 한번 알려준다. 그런 다음 사과를 깎아서 먹으면 아기는 사과가 무엇인지, 어떤 맛인지를 기억한다.

이렇게 사물을 먼저 인지한 다음, 사과 카드 밑에 '사과'라는 글자가 적힌 카드로 바꾼다. 그러면 비로소 사물 인지, 모양, 맛, 글자를 하나로 통합할 수 있다. 아기는 이것을 기억했다가 사과가 먹고 싶을 때 "사과"라고 말하면서 사과를 머릿속에 저장한다.

사물을 많이 인지하고 있는 아기일수록 글자에 대한 호기심이 많고 책 읽기를 좋아하는 아이로 성장한다.

이 시기는 한글을 배워 글자를 알고 읽는 게 중요한 것이 아니라, 한글을 배움으로써 좌뇌가 발달해 이해력이 생기도록 하는 것이 포인트다. 아기에게 이해력이 생겨야 훈육이 되고 행동 수정이 가능하며, 아기 스스로 감정 조절을 할 수 있게 된다.

베이비사인 만들기

베이비사인이란 아직 말을 하지 못하는 아기들이 손짓이나 몸짓, 표정으로 부모와 소통하기 위해 보내는 사인을 말한다. 베이비사인은 말하기를 자극하는 데 효과적일 뿐만 아니라 소리를 표현하는 데 주저하지 않는 아이로 성장하도록 돕는다. 대체로 7~9개월 즈음이 베이비사인을 배우기 좋은 시기이며, 말을 시작하기 전에 손으로 하는 언어가 많으면 많을수록 좋다.

"우리 아기는 기분이 좋을 때엔 베이비사인을 잘하는데, 자기

기분이 안 좋으면 안 해요."

만약 그렇다면 아기가 베이비사인을 못 하는 것이다. 아기가 베이비사인을 많이 익힐 수 있도록 엄마가 먼저 적극적으로 반복해 주어야 한다.

말 배우기

이 시기에는 익숙한 엄마의 목소리로 정확한 단어와 소리를 반복해서 들려주는 것이 효과적이다. 아기의 청각은 태아 때부터 발달하는데, 뱃속에서부터 익숙하게 들어온 엄마의 목소리가 아기에게는 가장 편하고 정확하게 인식된다.

생후 17개월 즈음이면 평균 50개의 단어를 말하는데, 평균에 못 미치는 아기들은 다른 사람과 의사소통이 잘 안 되기 때문에 스트레스를 받고 짜증을 많이 낸다.

"말을 배우는 이 시기에 영어를 가르치면 영어를 네이티브처럼 할 수 있는 건가요?"

이런 욕심이 앞서겠지만, 언어는 모국어인 한글이 우선이다. 한글이 제대로 인식되기 전에 영어를 시작하면 이중언어장애를 초래할 수 있다. 이중언어장애 증상으로는 언어발달지체, 조음장애, 말더듬 등이 있는데 이후 성장하면서 사람들 앞에서 말하기를 꺼리는 것뿐만 아니라 사회성에도 문제가 생길 수 있다.

❙ 손과 다리의 힘을 키워주기

이 시기의 아기들은 뇌의 기능이 완성되지 않아 머리와 몸이 따로 움직인다. 이때 손, 발, 다리의 힘을 키워주면 뇌세포가 활성화되는 효과를 얻을 수 있다.

달리기, 구르기, 발차기, 공 굴리기 등 대근육 운동을 하면 폐활량이 좋아져서 말을 잘할 수 있고, 좌뇌와 우뇌의 균형을 맞춰주며, 정서 발달에도 좋은 영향을 미친다.

손가락으로 물건을 집거나 구슬 꿰기, 발가락 움직이며 자극하기, 밀가루 반죽 조물거리기, 종이접기 등 소근육 운동을 하면 지각 능력과 모방 기능이 좋아져서 아기가 일상생활에 적응해 나가는 데 도움이 된다.

❙ 우는 아기, 장사 없다?

아기가 너무 안 울어도 문제, 너무 울어도 문제다. 아기가 울 때 당황하거나 짜증스러워하지 말고 '울음은 아기가 가장 먼저, 쉽게 할 수 있는 의사 표현'임을 이해해야 한다. 그러나 모든 울음에 이유가 있는 것은 아니다.

아기가 이유 없이 울 때는 아무렇지 않게 주의를 환기시켜줄 필요가 있다. 만약 '그냥' 우는 아기에게 "왜 울어?" 하고 물으면 아기는 그때부터 자기가 우는 이유를 찾으려고 한다. 한마디로 이유가 있어서 우는 것이 아니라 울기 위해 이유를 찾는 것이다.

그러므로 특별한 이유 없이 울 때는 아기가 흥미를 갖는 장난감을 흔들어 보이거나 "어? 이게 무슨 소리지? 조용히하고 들어봐" 하고 주변의 소리에 집중하도록 유도하면서 주의를 환기하는 것이 좋다.

엄마가 아기 울음에 당황하거나 민감하게 반응하면 아기는 자신의 의사를 울음으로 해결하려고 한다. 울지 말고 원하는 것을 말하도록 해야 아기가 울음을 무기로 사용하지 않는다.

30개월 때부터 훈육을 시작했는데, 처음에는 훈육을 잘 받아들이더니 35개월 된 지금은 "안 돼!" 하고 말하면 경기하는 것처럼 떼를 쓰며 웁니다.
훈육이 아이에게 상처를 준 것은 아닌가, 트라우마로 남으면 어떡하지 하는 걱정이 앞섭니다. 아이의 마음이 가라앉을 때까지 훈육을 미뤄야 할까요?

PART

2

25~36개월

친구 같은 엄마

세상에서 가장 친한 친구를 만나다

두 돌이 지나면 아이는 "내 거야!", "내가 할래!", "나 먼저!" 이런 말을 부쩍 많이 한다. '나'라는 개념, 즉 자의식이 생기고 자아가 싹트는 시기이기 때문이다.

자의식이 생기면서 소유욕이 강해지고 고집도 세진다. 그래서 자기 물건에 손도 못 대게 하고 심지어는 다른 친구의 물건도 '내 거야!' 하면서 가져가 버린다. 그래서 '미운 네 살'이라는 말이 나온 것이다.

이 시기는 교육적으로도, 정서적으로도 매우 중요하다. 이제 새싹처럼 돋아난 '자아'로 아이는 엄마의 사소한 말 한마디에 상처를 받기도 하고 엄마에 대한 집착도 심해진다. 그러므로 이때는 아이의 성장 과정을 알고, 조금 더 아이 입장을 배려해야 한다.

아이가 '나'를 알게 되면서 상대적으로 '너'에 대한 인식도 생긴다. 내가 아닌 다른 사람은 모두 '너'인 것이다. 아이에게는 친구도, 엄마나 아빠도, 강아지도 다 '너'다. 그래서 엄마한테 "야!"라고 말하기도 하고, 엄마를 자기와 동등한 지위로 생각하거나 때리기도 한다. 강아지에게 인심 쓰듯 자기 과자를 나눠주면서 "내가 너 줄게" 하는 것도 마찬가지의 맥락이다.

그래서 25개월 이후부터는 아이와 엄마가 '나', '너'라는 단어를 사용하면서 싸우고, 똑같은 수준으로 함께 어울려 노는 것이 좋다. 엄마와 아이가 놀고 있는 모습을 보면서 남편이 "애나 어른이나 똑같네!" 하고 말할 정도로, 똑같이 어울려야 한다.

잘 놀다가 아이가 "내 거야, 내놔" 하면서 자기 장난감을 빼앗아 간다면 어떻게 할까?

"그러지 말고 사이좋게 지내자" 하고 웃으면서 다시 장난감을 만지려고 하자 아이가 갑자기 장난감을 들어 엄마 머리를 꽝 내리쳤다면?

"너 지금 엄마한테 뭐 하는 짓이야? 엄마한테 이러면 돼, 안 돼? 장난감 이리 내놔. 다 치우자. 네가 엄마 때렸으니까 오늘은 안 놀아줄 거야. 그만해."

대부분의 엄마들은 이렇게 버럭 화를 낼 것이다.

엄마와 놀 때 그랬던 것처럼 다른 아이들과 어울려 놀 때도 그럴까 봐 걱정이고, 그렇게 계속 예의 없는 아이로 자라서 제멋대로 비뚤어질까 봐 두루두루 걱정이 앞선다. 그러니 처음부터 따끔하게 훈육해서 잘못된 행동을 바로잡아야 한다는 것이 대부분 엄마들의 생각이다.

하지만 이 시기의 아이에게 엄마는 '나와 함께 노는 너'다. 엄마 입장에서는 아이와 놀아주는 것이지만, 아이가 생각하기에는 함께 놀고 있는 것이다. 그런데 잘 놀다가 갑자기 '너'가 야단을 치면서 자기 장난감을 다 빼앗더니 치워 버리겠다고 엄포를 놓는다. 아이로서는 억울하고 화가 날 수밖에 없다. 엄마가 잘못을 지적하고 야단쳤을 때, 아이가 도리어 심술을 부리면서 울음보를 터뜨리는 이유가 여기에 있다.

"그럼 아이가 엄마를 때릴 때는 어떻게 해야 하나요? 그냥 맞아주거나 그 자리를 피해야 하는 건가요?"

이런 질문에 대한 대답은 간단하다.

"혹시 어린 시절에 단짝 친구와 다퉈본 기억이 있나요? 그때 어떻게 하셨어요? 친구가 꼬집거나 꿀밤을 때렸을 때 가만히 당하고만 있었나요?"

그렇다. 이 시기에 아이와 엄마는 '세상에서 제일 친한 친구' 사이가 돼야 한다. 그런데 엄마가 아이에게 맞았을 때 엄하게 야단을 치거나 참고 넘어간다면 동등한 관계가 유지되지 않는다.

친구가 되는 방법은 매우 간단하다. 아이와 똑같이 행동하면 된다. 아이가 엄마를 때리면 엄마는 두세 살 터울의 언니처럼 조금 더 세게 아이를 때린다. 아이가 아프다고 생각할 만큼 세게 때려야 '아, 내가 상대방을 때리면 이렇게 되돌아오는구나'라고 느끼게 된다.

행동과 관련된 뇌 발달이 거의 완성되는 시기

24개월 이전까지는 아이가 타고난 뇌의 용량을 확장하는 데 주력했다면 이제는 생각하는 힘, 통합하는 능력, 종합 판단력을 키워야 할 때다.

두 가지 동작을 동시에 함으로써 그런 능력을 키울 수 있다. 예를 들어 "안녕하세요" 말하면서 인사하기, 노래하면서 율동하기 등이다. 두 돌이 지나면 이러한 일이 가능하다.

36개월이면 행동과 관련된 뇌 발달이 거의 완성되기 때문에 25~36개월 사이에 아이는 몸동작이 정교해지고 활동량도 많아진다. 또 감정과 정서적인 면을 담당하는 우뇌가 먼저 발달하면서 논리적인 표현보다는 감각적이고 감정적인 표현을 주로 한다. 그러다 보니 상상력이 커져 겁이 많아지거나 황당한 말썽을 부리기도 한다.

이 말은 곧, 여기저기 쉼 없이 돌아다니면서 황당한 사고를 일으키는 시기라는 뜻이기도 하다. 아기는 만져보고, 다치고, 실수하면서 몸으로 필요한 정보를 알아간다.

“우리 애는 유난히 산만해요.”

이렇게 걱정할 필요 없다. 우리 애만 그런 것이 아니라 그 시기의 아이들 대부분이 그렇다. 조금 덜하거나 더한 차이만 있을 뿐 우리 애만 그런 것이 아니니 ‘이 또한 지나가리라’ 생각하면서 받아들이는 것이 현명한 방법이다.

1

아이와 친구가 되기 위한 조건

캘리포니아대학교 로스앤젤레스UCLA 기계공학과 교수, 로멜라 로봇연구소 소장, 2009년 과학잡지 「파퓰러사이언스」가 선정한 '과학을 뒤흔든 젊은 천재 10인', 세계 최초로 시각장애인이 직접 운전할 수 있는 무인자동차 개발. 이 모든 수식어가 로봇공학자 '데니스 홍Denis Hong, 홍원서'을 가리키는 말이다. 특히 그가 개발한 시각장애인을 위한 자동차를 두고 「워싱턴포스트」는 '달 착륙에 버금가는 성과'라고 보도하며 극찬을 아끼지 않았다.

얼마 전 한 방송 프로그램에서 특집 방송을 기획했다. 우리나라에서 과학 영재로 알려진 두 아이가 캘리포니아에 있는 데니스 홍의 집에서 함께 지내며 그의 일상을 지켜보는 것이었다. 데니스 홍은 아들과 또래인 두 아이를 데리고 마치 아빠처럼 함께 생활했다. 그리고 방송은 로봇공학자의 일상을 낱낱이 보여주는 데 주력했다.

데니스 홍이 연구실에 틀어박혀서 심각한 표정으로 로봇만 만지고 있을 것이라는 사람들의 예상과 달리 그의 일상은 활기차고 유쾌했다. 슬랩스틱 몸개그는 기본, 흥이 넘치는 몸짓과 장난으로 아이들보다 더 신나게 하루를 즐겼다. 한 번은 편을 나눈 뒤 거실과 주방 곳곳을 뛰어다니면서 장난감 총싸움을 벌였는데 사방에 쏟아진 스펀지 총알 때문에 거실은 한마디로 난장판이 되었다.

"'하고 싶지 않아'가 아니에요. 항상 하고 싶어서 하는 것 같아요." 그의 아들은 이렇게 말했고, 영재인 한 아이는 "놀아주는 것이 아니에요. 그냥 놀아요. 나이는 마흔여덟인데 마음은 진짜 열 살 같아요, 아직도"라고 말했다.

'어른이 나와 놀아주는구나'가 아니라 '그냥 같이 논다'라고 느끼는 점이 중요하다. 그 순간만큼은 데니스 홍이 어른이요, 세계적인 로봇공학자요, 유수 대학의 교수가 아니라 그냥 아이들의 친구가 된 것이다. 그리고 아이들은 데니스 홍과 동등한 위치에서 편하고 즐겁게 총싸움을 하면서 마음을 열 수 있었다.

또 그는 아이들과 함께 물풍선을 만들어 터뜨리고 요리를 했다. 다들 신나게 놀기만 한 것 같은데, 그 과정에서 과학이 툭툭 튀어나왔다. 아이들은 교과서가 아니라 일상에서 과학을 몸으로 배워가고 있었다.

데니스 홍의 아들 홍이산은 UCLA 기계공학과 학생들과 수업을 듣는 가운데서도 단연 눈에 띄었다. 다른 대학생들보다 창의적이었고 허를 찌르는 질문을 던졌다. 시청자들은 속으로 '저런 아버지 밑에서 자란 아이라 남다르구나!' 생각했다.

아이는 부모를 모델로 삼아 성장한다. 그 모델이 훌륭하든 그렇지 않든 판단하지 않고 답습하는 경우가 많다. 하지만 인생에서 부모님보다 친구가 더 좋은 스승이 되는 시기도 있다. 생후 25~36개월과 사춘기 때가 바로 그렇다.

생후 25~36개월 때는 친구의 행동과 말을 따라 하면서 하나하나 배우고, 사춘기 때는 부모님의 말은 귓등으로 들어도 친구의 말이라면 찰떡같이 알아듣는다. 그래서 친구에게 위로와 격려를 받고 꿈을 키우기도 한다. 사춘기 자녀를 둔 부모들이 "친구 잘 사귀어야 한다"라는 잔소리를 하는 것도 이 때문이다.

친구의 조건 세 가지

엄마 마음이야 '내 아이의 가장 좋은 친구'가 되고 싶겠지만 아이가 친구를 정하는 조건은 생각보다 까다롭다. 아니, 조건은 매우 간단하지만 그것을 충족하기가 쉽지 않다.

첫 번째는, 아이의 입장에서 생각하는 것이다. 그러기 위해서는 25~36개월 월령의 발달 과정을 이해할 필요가 있다. 앞서 말했듯이 시기의 가장 큰 특징은 자아가 생겨나면서 '나', '내 것'에 대한 개념과 소유욕이 생기고 독립심도 싹트기 시작하는 것이다. 그래서 자기 기준에 마음에 들지 않는 것은 "싫어!"라고 분명하게 의사를 표현한다.

어린이집이나 키즈카페에 놀러갔을 때 또래들끼리 "내 거야, 다 내 거야!" 하면서 다투는 일이 잦고, "하지 마!"라는 말에 "싫어!"라며 즉각적인 반응을 보인다.

"왜 그게 다 네 거야? 친구들끼리 같이 가지고 노는 거지. 이리 내놔!"

아이가 욕심을 부릴 때 아이를 꾸짖으며 장난감을 빼앗아서 친구에게 나눠준다면, 아이는 상처를 받고 억울하다는 감정이 마음에 남는다.

"너, 자꾸 이렇게 떼를 쓰면 집에 가서 혼날 줄 알아."

이런 협박은 아이에게 두려움을 불러일으켜서 눈치 보는 아이로 자랄 수 있다.

"우리는 이곳에 놀러온 거고, 여기 있는 장난감들은 우리가 가지고 놀 수는 있지만 우리 것은 아니야. 우리가 놀러온 것처럼 다른 친구도 놀러왔으니까 이 장난감을 가지고 놀 수 있어. 친구가 가지고 놀 수 있도록 양보해."

친절하고 자세한 설명이지만 엄마의 말이 길어지는 순간 아이의 머릿속은 백지장이 되고 만다. 열심히 설명하는 엄마의 말소리는 아기에게 소음으로밖에 안 들린다. 이 시기에는 세 개 어절의 문장 정도는 이해하지만 논리적이고 감정적인 긴 문장은 이해하지 못하기 때문이다.

아이가 자기 물건이라고 생각하는 것을 친구에게 만지지 못하도록 하는 것은 성장 과정의 자연스러운 행동이다. 그러므로 이럴 때는 야단을 치기보다 아이의 입장에서 먼저 아이의 마음을 읽어줄 필요가 있다.

"자동차가 참 많구나? 엄마가 찻길을 만들어줄게. 친구랑 자동차 멀리 보내기 놀이 해볼까? 친구 하나, 너 하나!"

이렇게 '물건'이 아니라 '함께하는 놀이'에 대해 생각하도록 분위기를 환기시킨다. 장난감을 움켜쥐고 지키느라 꼼짝하지 못하는 지금보다 친구와 함께 놀 때가 더 재미있다는 것을 알려주는 것이다.

그럼에도 불구하고 아이가 계속 장난감에 집착한다면, 놀이 공간을 벗어나서 다른 곳으로 간다거나 물놀이를 할 수 있도록 해준다. 이렇게 하면 아이도, 아이의 친구도 장난감에 대한 집착에서 벗어날 수 있다.

그런데 간혹 아이가 말도 안 되는 떼를 쓸 때가 있다. 그럴 때는 일일이 반응하지 말고 못 본 척 무시하거나 슬쩍 자리를 피함으로써 자신이 아무리 떼를 써도 해결되지 않는다는 것을 스스로 알게 하는 것이 좋다.

친구가 되기 위한 두 번째 조건은, 아이에게 말할 때 평소 아이가 사용하는 단어를 사용하는 것이다. 그래야 아이가 이해하기 때문이다. 어른들도 마찬가지다. 옆집에 새로 이사 온 이웃이 벨을 눌러 반갑게 문을 열어주었는데, 갑자기 그 사람이 프랑스 말을 한다거나 아랍 말을 쏟아내면 얼마나 당황스러울까. 분명히 우리나라 사람처럼 보였는데 외국어를 사용하는 순간 식은땀이 줄줄 흐르면서 빨리 그 사람이 가주기만을 바랄 것이다. 그리고 길거리를 오가다 멀찍이서 이웃이 눈에 띄기라도 하면 마주치지 않기 위해 걸음이 빨라질 것이다. 말이 통하지 않는 사람과 가까워지기란 그만큼 어렵다.

언어는 가장 기본이 되는 소통 수단이다. 부모의 말이 아이에게 단순한 '소리'로만 들린다면 그것은 하나마나한 얘기다. 아이는 부모의 표정이나 그 상황의 분위기를 기억할 뿐, 자신에게 전달하려는 의미가 무엇인지 정확히 알지 못한다. 그래서 간혹 부모의 사랑이 아이들에게 왜곡되어 받아들여지기도 한다.

친구가 되기 위한 세 번째 조건은 아이처럼 행동하는 것이다. 장난감을 가지고 놀 때, 엄마가 옆에 붙어서 아이의 놀이에 끼어들어 일일이 간섭하고 선생님처럼 가이드하는 형식은 좋지 않다. 아이가 놀고 있는 옆에서 엄마는 엄마대로 장난감을 가지고 같이 논다. 마치 또래 아이처럼 말이다.

아이가 블록을 엉망으로 조립한다고 해서 "안 돼, 그렇게 하는 게 아니야. 이렇게 맞춰야지" 하고 아이가 만든 것을 고쳐줄 필요가 없다. 엄마가 블록으로 자동차를 만든 다음 "부릉부릉, 자동차가 달려가요" 하고 놀면, 아이는 엄마가 만든 블록 자동차를 눈여겨보고 있다가 아이 스스로 엄마를 따라 비슷한 모양으로 블록을 쌓으려 할 것이다. 색칠 공부를 할 때도 엄마가 천천히, 꼼꼼하게 색칠하는 모습을 보면서 아이 또한 점차 차분해질 것이다. 아이가 스스로 엄마를 따라 하도록 엄마는 모델이 돼주기만 하면 된다.

이 시기의 아이들은 엄마나 선생님보다는 또래에게서 많은 것을 배우기 때문에, 엄마가 아이의 친구가 되어준다면 엄마에게서 많은 것을 배울 수 있다. 엄마가 친구이자 훌륭한 스승이 되는 것이다.

2

안정적인 관계와 균형 있는 뇌 발달

한글을 처음 익히는 외국인들이 가장 어려워하는 것이 '존댓말'이라고 한다. 사투리까지 유창하게 구사하는 외국인도 유독 존댓말은 어려워한다.

말을 처음 배우는 아이 또한 마찬가지다. 아직 '나'와 '너'의 개념밖에 익히지 못한 아이에게는 어른에게 존댓말을 써야 한다는 인식이 없다. 그러니 할머니 할아버지를 향해서도 "야!"라는 호칭이 튀어나오는 것이다.

하지만 5~6년이 지나면 사정이 달라진다. 존댓말이 여전히 어려운 외국인에 비해, 아이는 어른에게 존댓말을 사용하고 사물은

존대의 대상이 아니라는 것을 확실히 인지한다. 성인인 외국인이 지식이나 언어 습득 능력이 더 뛰어남에도 불구하고 왜 그런 결과가 생기는 것일까?

이유는 '관계'에 있다. 아이는 한국어를 사용하는 '가족' 울타리 안에 살면서 자연스럽게 관계를 익힌다. 아빠와 엄마가 서로를 어떻게 부르는지, 할아버지 할머니를 대하는 부모님의 태도가 어떤지, 형제나 남매가 자신을 어떻게 대하는지를 통해 자신의 위치를 알게 된다.

아이는 생후 12개월까지는 본능과 직감에 의지하는 경향이 있지만 그 시기를 지나 '나'와 '너'를 인지한 이후부터는 둘 사이의 관계를 생각하기 시작한다. 아이는 처음에는 '나'와 '너'가 동등한 입장이라고 생각하지만 시간이 흐르면서 관계 안에 서열이 있다는 것을 깨닫고, 어른에게는 존댓말을 써야 한다는 것도 알게 된다. 이렇듯 관계를 통해 서열을 알려주는 집단이 바로 '가족'이다.

반면 외국인은 관계를 익혀야 할 어린 시절을 자신의 나라에서 다른 형식으로 살았기 때문에 서열에 대해 우리와는 다른 개념을 갖고 있다. 영미권 외국인들은 상대방을 존중할 때 주어에 '~님'을 붙이거나 특별한 호칭을 사용하긴 하지만 동사에 '~셨'을 붙이지는 않는다. 그래서 존댓말이 어려운 것이다.

"소장님, 우리 애가 원체 말이 늦어서 지금 36개월인데도 아무한테나 반말이에요. 어린이집 선생님께도 반말을 하는 바람에 몇 번 혼이 난 모양인데, 그 이후로 어린이집 갈 시간만 되면 자지러지게 울어서 지금은 어린이집도 못 보내고 있어요. 아이의 언어능력에 문제가 있는 걸까요?"

이런 경우는 완전히 헛다리 짚었다고 말하고 싶다. 아이의 언어능력에 문제가 있는 것이 아니라 가족 내 관계에 문제가 있는 것이다. 가족 내 서열과 역할이 확실하지 않을 때 아이는 존댓말 사용에 어려움을 겪는다. 다시 한번 말하자면, '관계를 익히면 서열은 저절로 알게 된다.'

단, 한 가지 짚고 넘어가야 할 것이 있다. 흔히 '서열'이라고 하면 약육강식에 의한 높고 낮음을 생각하기 쉬운데, 육아에 있어서 서열은 '관계의 서열'이지 '권력의 서열'이 아니다. 그리고 관계의 서열은 애정을 기반으로 하기 때문에 강압적으로 느껴지지 않는다. 오히려 서열의 관계 아래 있을 때 아이는 보호받는 느낌, 안전한 느낌을 갖는다.

오감자극이 똑똑한 두뇌를 만든다

'사람의 두뇌'나 '천재의 뇌'를 말할 때 가장 많이 예시되는 것이 알베르트 아인슈타인Albert Einstein이다. 그는 '인류 역사상 최고의 천재 과학자'로 불리며 현대물리학에 큰 업적을 남겼다. 그래서 사람들은 그가 일반인과 다른 뇌를 가지고 있을 것이라고 생각했다.

그가 76세에 대동맥 파열로 사망하자 부검을 담당했던 병리학자는 아무도 모르게 그의 시신에서 뇌를 꺼내 연구하기 시작했다. 반전이었던 사실은, 뇌를 다양한 각도에서 촬영하고 240개의 조각으로 나눈 뒤 20년 동안이나 연구했음에도 불구하고 특별한 점을 찾지 못했다는 것이었다. 아인슈타인의 뇌가 크거나 무거울 것이라는 예측과 달리, 오히려 그의 뇌는 일반인보다 작고 가벼웠다.

본인의 노력만으로는 밝힐 수 없자 그는 아인슈타인의 뇌를 공개하고 전 세계 과학자들에게 도움을 요청했다. 천재 과학자의 뇌라니, 다들 적극적으로 나서서 그의 뇌를 파고들었지만 역시나 새로운 사실은 없었다. 그리고 그 결과는 지금도 마찬가지다.

이처럼, 매스컴에 소개되는 영재나 천재도 태어날 때부터 특별한 뇌를 가진 것은 아니다. 유전자에 의해 지능에는 차이가 있을 수 있지만 뇌세포의 수나 생김새는 누구나 다 똑같다. 그럼에도 이들이 일반인과 차이가 나는 것은 '시냅스' 때문이다.

뇌의 시냅스는 신경세포와 신경세포를 연결하여 정보처리 기능을 높이는 역할을 한다. 그 때문에 시냅스가 많이 뻗어 있을수록 뇌의 기능이 활발하다. 연구에 의하면 시냅스는 생후 24~36개월까지 왕성하게 만들어지다가 그 이후 가지치기를 통해 줄어드는 것으로 알려져 있다. 그래서 36개월 즈음의 아이들은 새로운 것을 익히고 받아들이는 능력이 뛰어나 그야말로 '스펀지 같은 뇌'를 갖고 있는 것이다.

이 시기에는 영어든 스페인어든, 음악이든 미술이든, 운동이든 과학이든 척척 받아들인다. 어른들은 아무리 해도 조립하지 못할 블록을 단숨에 맞추거나 특정 분야에서 천재성을 발휘해 어른들을 놀라게 하는 것도 대개 이 시기다.

하지만 긍정적인 측면만 있는 것은 아니다. 뇌에서 시냅스가 왕성하게 만들어진 이 시기의 아이들은 외부 자극에 민감하게 반응하기 때문에, 눈에 보이는 모든 것을 잡거나 당기거나 그것을 향해 달려간다. 주변 상황은 상관하지 않은 채 목표물에만 집중한 탓에 사건 사고가 많은 때이기도 하다.

"아이가 왜 이렇게 산만한지 모르겠어요. 잠시도 가만히 있질 않고, 밥을 먹거나 응가를 할 때조차도 벌떡벌떡 일어나서 돌아다녀요. 혹시 ADHD는 아니겠지요?"

엄마들이 걱정스럽게 묻는 질문 중 하나다.

결론부터 말하자면, 아니다! 이 시기의 아이들은 다 그런 특징을 갖고 있다. 태어나서 36개월까지, 지나치게 많이 만들어진 시냅스는 36개월을 전후하여 적절한 수준으로 가지치기를 시작한다. 이때 시냅스 가지치기의 기준이 되는 것은 그 시냅스를 얼마나 자주, 지속적으로 사용하는지이다. 다시 말해, 뇌를 좀 더 효율적으로 사용하기 위해 자주 사용하는 시냅스는 더욱 튼튼하게, 사용하지 않는 시냅스는 없애버리는 것이다.

예를 들어 클래식 음악이 아이의 정서를 안정시킨다고 하여 아이에게 내내 클래식 음악만 틀어준다면, 관련 시냅스가 급속도로 강화되면서 아이의 청각이 발달하고 음계에 대한 특별한 능력이 생기겠지만 자극을 받지 못한 다른 감각은 퇴화할 수밖에 없다.

음식을 먹을 때 고기만 먹으면 영양 불균형으로 건강에 이상이 생기듯이, 불균형한 자극은 아이의 두뇌 건강에 해롭다. 가장 좋은 것은 균형이다. 아이의 두뇌가 골고루 발달할 수 있도록 다양한 활동을 통해 오감을 자극해야 한다. 그래서 균형 잡힌 정상적인 시냅스 가지치기가 일어나야 똑똑한 뇌를 가진 아이로 성장할 수 있다.

내 아이를 긍정적으로 바꾸는 대화법

"어머, 아이가 이렇게 어려운 말도 할 줄 알아요?"

"어른들 하는 말을 제법 따라 하긴 하는데, 알고 하는 건지 모르고 하는 건지 잘 모르겠어요. 자기가 말을 따라 하면 어른들이 신기한 표정으로 칭찬하니까, 그게 신나서 그냥 하는 것 같기도 하고…."

"그래도 그게 어디예요. 저희 애는 말을 잘 안 해서 무슨 생각을 하는지 도통 알 수가 있어야 말이지요. 병원에 가봐야 하나 싶기도 하고요."

"아예 말을 안 해요?"

"혼자만 꿍얼꿍얼하고, 뭐라고 하는지 발음도 정확하지 않아서 알아들을 수가 없어요. 그래도 하는 짓 보면 말귀는 다 알아듣는 것 같은데…."

또래 아이를 둔 엄마들은 말 빠른 다른 집 아이를 보면 부러움이 한가득이다. 아이가 말로 의사 표현을 하면 부모와의 소통이 원활할 뿐만 아니라 그때부터는 본격적인 학습을 할 수 있기 때문이다. 한편으로 사람들은 '말 잘하는 아이=똑똑한 아이'라는 인식을 가지고 있다.

과연 정말 그럴까?

아이가 대답하기 쉽게 물어보기

25~36개월 아이는 평균 700개 정도의 어휘를 사용할 수 있다고 하지만, 아이의 발달 수준에는 개인차가 크다. 25개월에 말은 물론 동요까지 정확한 발음으로 부르는 아이가 있는 반면, 간단한 말을 할 때도 발음이 어눌하고 평소 사용하는 단어의 개수가 현저히 적은 아이도 있다.

아이의 언어 발달은 '말을 잘하느냐 못하느냐가 아니라 말을 얼마나 잘 이해하는지'가 핵심이다. 말을 빨리, 잘하는 아이 중에는 자신이 하는 말이 무슨 뜻인지 이해하지 못한 채 앵무새처럼 따라하는 경우가 있다. 그러므로 내 아이가 사용하는 단어, 문장 수준을 고려해서 아이의 눈높이에 맞는 대화를 해야 한다.

또 엄마들의 고민 중 한 가지가 '자신의 의사를 쉽게 표현하지 못하는 아이'이다.

"물이 먹고 싶으면 말을 하면 될 걸, 혼자 끙끙 앓다가 떼를 쓰거나 화를 내요. 물을 갖다 주면 컵을 집어던지고. 왜 그렇게 못되게 구는지, 화가 나고 답답해 죽겠어요."

"아이가 물을 먹고 싶어 한다는 것은 어떻게 아셨어요?"

"주방 근처를 얼쩡거리더라고요. 싱크대 아래 문까지 열어서 냄비 다 꺼내 놓고. 처음에는 왜 그러는지 몰라서 야단치고 거실로 데려나갔지요. 그런데 계속 그러는 거예요. 말도 안 하고요."

"어쨌거나 나중에는 물 달라는 말을 하던가요?"

"아니요, 제 다리에 매달리고, 꼬집고 자꾸 난리를 치니까 야단치면서 물었지요."

"뭐라고 물어보셨어요?"

"도대체 왜 그래? 뭐 해줘? 말을 해, 말을! 이렇게요."

말 안 하면 알아듣지 못하는 엄마와 말보다 몸으로 표현하는 것이 익숙한 아이. 이 시기의 엄마와 아이 사이에 흔히 볼 수 있는 광경이다.

아이가 자신의 의사를 말로 표현하지 않는 데는 여러 가지 원인이 있겠지만 그중 한 가지는, 아는 단어가 적거나 자신의 생각을 쉽게 꺼내지 못해서다. 아이 또한 자신이 불편한 점과 원하는 것을 엄마에게 말하고 싶은데 그러지 못하니 답답하기는 마찬가지다. 그럴 때는 엄마가 먼저 아이의 마음을 읽고 말을 걸어주는 것이 좋다.

"배고파?", "응가 마려워?", "안아줄까?"처럼, 아이가 불편해할 만한 문제를 먼저 물어본 다음 "다음에는 네가 먼저 말해줘, 약속!" 하고 이런 식으로 반복하다 보면 아이가 보다 쉽게 의사 표현을 할 수 있다.

"왜? 뭐 해줄까?" 하는 식으로, 아이가 생각해서 대답해야 하는 질문은 아이를 더 곤란하게 만든다. 아이에게 물어볼 때 문장은 가능하면 짧게, 의미는 단순하게, 한두 개의 선택지를 던진 다음 아이가 선택할 수 있게 하는 것이 좋다.

본격적으로 모국어에 집중할 시기

25~36개월 아이들은 특히 뇌의 전두엽과 대뇌변연계 활동이 활발하기 때문에 언어, 사회성, 대인관계, 이해력 등을 키우기에 좋다. 이러한 두뇌 활동을 통해 그간 단순하고 감각적인 두뇌 활동에서 한층 성장하여 종합적인 사고가 가능하고 언어도 쉽게 익힐 수 있다.

"아기가 태어나자마자 옆에서 계속 영어 회화 오디오를 틀어줬어요. 태교도 팝송으로 하고요. 그러면 무의식중에라도 영어에 친근감을 느끼지 않을까 싶어서요. 언어를 익히는 시기는 빠르면 빠를수록 좋지 않나요? 25~36개월은 아이가 언어를 스펀지처럼 익히는 시기니까, 25개월부터 아이에게 영어를 가르치면 원어민처럼 할 수 있지 않을까요?"

"우리말은요?"

"한국에서 살고 있는데 한국말을 따로 가르쳐야 하나요? 자라면서 저절로 익히겠지요."

이렇게 말하는 엄마들을 많이 봤다. 그러나 앞서 말한 것처럼 말뜻을 모른 채 소리를 흉내 내는 것은 의미가 없다. 이 시기에는 무조건 우리말과 글에 집중해야 한다. 우리말과 글로 뜻을 이해한 다음 영어를 익혀야 제대로 의사소통을 할 수 있다.

아이가 36개월 전에 책을 읽으면 이후에 속독이 가능해지며, 책 읽는 데 재미를 붙이면 그다음에는 동화책뿐만 아니라 아이가 흥미를 갖는 영어, 과학, 수학, 역사, 지리와 관련한 분야의 책도 스스로 읽을 수 있다.

이 시기에 적극적으로 언어를 가르치는 노력이 필요하다. 언어 발달이 또래에 비해 늦은 아이들은 의사소통이 안 되고 답답한 상황에 놓이면 일단 짜증을 부리면서 울음을 터뜨리는 특징이 있다.

짜증을 부리는 것에 익숙해지면 아이는 말을 하려고 하기보다 짜증을 부리는 형태로 계속 의사를 전달하려고 하기 때문이다. 이 시기에 언어 발달에 주의를 기울이는 이유가 여기에 있다.

언어이해력이 떨어지는 아이는 사회 적응에도 어려움을 겪는다. 유치원이나 어린이집에서 놀이를 할 때 친구들은 선생님이 말하는 규칙을 이해하는데, 본인만 이해하지 못하는 상황이 발생할 수 있다. 스트레스로 아이는 엉뚱한 말을 하면서 친구들의 놀이를 방해하기도 한다.

아이의 언어이해력이 떨어진다면 긴 문장보다는 간단한 사물의 이름이나 세부 명칭, 동작을 설명하는 단어 등을 중심으로 말해준다. 설명할 때는 말을 조금 천천히, 다양한 동작을 곁들이는 것이 좋다. 외국 여행을 할 때 상대방이 낯선 언어를 빠르게 말하면 도통 알아듣기 힘들지만, 그래도 천천히 말하면서 손짓 발짓을 해주면 대충 알아들을 수 있다. 아이에게는 한국어가 중국어나 아랍어처럼 받아들여질지도 모른다. 엄마는 그것을 이해해야 한다.

아이의 질문에는 아이처럼 대답하기

아이의 뇌가 종합적인 사고를 위한 준비 단계에 있는 만큼 호기심도 왕성해진다. 때로는 엉뚱하고, 때로는 집요한 아이의 호기심 때문에 피곤함이 두 배라는 엄마들의 불평이 가장 많은 시기다.

"엄마, 아빠 어디 있어?"

"아빠는 회사에 가셨지."

"왜?"

"회사에는 아빠를 기다리는 사람들이 많거든."

"왜 (기다려)?"

"왜냐하면 아빠가 해야 할 일이 있으니까…."

"(일을) 왜 (해)?"

"아빠가 일을 하면 회사에서 월급을 주거든. 아빠가 월급을 받아야 장난감도 사고, 맛있는 것도 사 먹고 그러지."

"왜?"

정말 궁금해서 그러는 건지 엄마의 대답을 듣고 있기나 한 건지 알 수 없을 정도로, 아이는 엄마의 대답이 끝나기 무섭게 "왜?" 하고 묻는다. "왜?"라는 말이 다섯 번 이상 나오면 엄마의 대답은 궁색해지고 급기야 '그만해라. 그것까지 네가 알아서 뭘 할 건데!' 하는 말이 턱까지 치민다. 그래서 때로는 건성건성 대답하거나 짜증을 내는 경우도 있다.

이때 아이는 갑작스러운 엄마의 태도 변화에 상처를 받는다. 처음에는 조곤조곤 친절하게 대답해 주던 엄마가 어느 순간 불친절하게 변한 것이다. 이때 마음이 여린 아이는 마음의 문과 함께 입을 닫아버리기도 한다.

아이의 질문이 길어지는 이유는 엄마의 대답을 이해하지 못했기 때문이다. 일을 하고, 월급을 받고, 그것으로 필요한 물건을 산다는 사실을 아이는 알지 못한다. 아이의 월령에 따라, 눈높이에 맞는 대답을 생각해 보자.

"엄마, 아빠 어디 있어?"

"아빠, 회사 갔지. 회사는 아빠 놀이터야."

물론 왜곡된 진실이지만 아이는 생각할 것이다.

'아빠가 회사에서 친구들하고 놀다 오겠구나!'

아이가 궁금한 것은 아빠가 지금 어디에 있느냐는 것이다. 아니, 더 정확히 말하자면 왜 지금 내 눈앞에 안 보이느냐 하는 것이다. 같이 있으면 자기와 놀아줄 텐데 안 보이니까 그게 알고 싶었을 뿐이다.

아이의 '싫어병'을 치료할 수 있는 대화법이 있다

자의식이 강해지는 이 시기에 아이가 가장 많이 하는 말은 "싫어!"다. 언제 어디서든, 맥락 없이 무조건 싫다고 하는 바람에 난감할 때가 한두 번이 아니다.

놀이터에 나가자며 먼저 나서서 옷까지 다 입더니, 갑자기 신발을 안 신겠다고 "싫어!" 하고 버티는 아이를 보면서 어떻게 해야 하나 난감할 것이다.

"나가기 싫어? 그러면 나가지 말고 집에서 놀까?"

"싫어!"

"그럼 어떻게 했으면 좋겠어? 나갈까, 말까? 네가 한번 말해봐."

"싫어!"

아이는 이것도 싫다, 저것도 싫다며 현관문 앞에 쪼그리고 앉아 눈물까지 글썽거린다. 이쯤 되면 야단을 쳐서 신발을 신겨야 하나, 아니면 제풀에 지쳐 고집을 꺾을 때까지 기다려줘야 하나 답답하고 화가 날 것이다.

그럴 때는 문제가 무엇인지 찬찬히 살펴볼 필요가 있다. 왜 신발을 안 신겠다는 걸까? 자기가 원하는 신발이 아닐 수도 있고, 같이 나가고 싶은 사람이 엄마가 아닐 수도 있고, 자기가 입은 옷이 마음에 안 들 수도 있고, 갑자기 졸리거나 배가 고플 수도 있다. 아무 이유 없이 기분이 그럴 수도 있다. 하지만 아이가 도통 말을 안 하니 엄마로서는 답답할 노릇이다.

이럴 때는 에릭슨Erick Homburger Erikson• 대화법 중 '예스세트YES SET' 또는 '노세트NO SET'를 활용하는 것이 효과적이다. 이 대화법은 말 그대로 '예스YES' 또는 '노NO'를 아이의 무의식에 심어주어 원하는 대답을 유도하는 기술이다. 연거푸 '싫어'를 반복하는 아이에게는 노세트 대화법이 유용하다.

"신발 신을까?"

"싫어."

"신발 신기 싫구나. 그럼 밥 먹을까?"

"싫어."

"밥 먹기 싫구나. 그럼 낮잠 잘까?"

"싫어."

이즈음이면 아이는 다음 무슨 질문을 하든 "싫어!"라고 대답할 것이다. 세 번 정도 '싫어'를 반복했다면 3초 정도 뜸을 들였다가 다시 질문을 던진다.

"낮잠 자기 싫구나. 그럼 신발 벗을까?"

• 독일 출신의 미국 심리학자. 자아심리학, 정신발달에 관한 정신분석학 이론 등에 공헌하였다.

"싫어."

"신발 벗기 싫다고? (아이가 자신이 한 대답을 되새겨볼 시간을 준 다음) **그럼 신어야겠네."**

처음 세 번의 질문은 조금 빠르게, 원하는 답을 듣기 위한 단계에서는 아이에게 생각할 시간을 충분히 주어야 한다. 아이는 자신이 대답을 해놓고도 어리둥절할 테고 엄마는 그 틈을 이용해서 아이의 대답을 행동으로 옮기는 요령이 필요하다. 신기하게도, 이 대화법은 아이와 어른 모두에게 효과가 있다.

아이가 엄마의 말을 따르지 않는다고 해서 억지로 시키려 한다거나 빈정거리는 말투로 무안을 주어서는 안 된다. 협박하거나 추궁하는 말투도 아이를 주눅 들게 만든다. 아이가 잘못됐다거나 잘못될지도 모른다는 염려를 버리고, 이 모든 것이 성장 과정 중 하나라고 받아들이는 넓은 마음이 필요하다.

4

놀이를 통해 아이의 마음을 연다

세계 각국의 남다른 육아법이 엄마들의 관심인 가운데, 몇 해 전 소개된 '네덜란드 육아법'은 아이들 눈높이에 최적화된 육아법으로 인정받았다. 그 이유는 OECD 22개국 아이들을 대상으로 행복지수를 조사한 결과 네덜란드 아이들의 행복지수가 가장 높은 것으로 나타났기 때문이다. 반면 우리나라는 22개국 중 22위를 차지, 가장 하위인 것으로 드러났다. 뿐만 아니라 사교육·물질우선주의로 인해 우리나라 아이들의 스트레스도 늘어 3년 새 우울증이 50퍼센트 급증했다는 통계도 발표됐다.

OECD 어린이 행복지수

순위	국가	표준점수
1	네덜란드	115.21
2	노르웨이	114.58
3	스페인	113.98
⋮		⋮
20	벨기에	88.47
21	체코	83.14
22	대한민국	79.5

출처: 한국방정환재단. OECD 2021년 22개국 조사. 초등학교 4~6학년 기준

어떻게 해야 내 아이가 행복해질까?

지금의 부모님들은 고민만 할 뿐 정작 답을 알지 못한다. 왜냐하면 자신들 또한 그렇게 양육되지 못했기 때문이다.

안타까운 현실이긴 하지만, 필요한 정보를 손쉽게 구할 수 있는 스마트 세상에서 '몰라서 못 한다'라는 핑계는 통하지 않는다. 엄마의 양육법에 따라 아이의 인생이 달라진다. 내가 강의할 때마다 엄마가 똑똑해야 한다고 강조하는 이유도 거기에 있다. 책을 읽든 강의를 듣든, 모르는 것을 배우고 새로운 것을 알기 위해 정보에 귀 기울여야 한다.

"엄마들이 공부를 해야 합니다. 아이에게 필요한 게 무엇인지, 그것을 알아야 해주지요. 엄마 관점에서가 아니라 아이 관점에서 필요한 거요. 아이한테만 공부하라고 하지 말고, 엄마가 먼저 공부하세요."

아이에게는 '놀 권리'가 있다

'아동은 휴식과 여가를 즐기고, 자신의 나이에 맞는 놀이와 오락 활동에 자유롭게 참여할 권리가 있다.'

이것은 1989년 유엔에서 만장일치로 채택된 아동권리협약 중 31조 '놀 권리'에 관한 부분이다. 아이들에게 있어 '놀이'는 권리이다. 하지만 우리나라의 부모님들은 놀이조차도 학습의 연장으로 생각한다. 블록 쌓기를 할 때도, 색칠 놀이를 할 때도 옆에 달라붙어서 잘하는 방법을 가르친다. 아이가 한 것이 마음에 들지 않으면 엄마는 "아니지!" 하고 빼앗아서, 엄마가 정답을 제시한 뒤 그대로 따라 하도록 시킨다. 그리고 엄마가 한 것을 그대로 따라 하면 잘했다고 칭찬한다. 이것이 과연 놀이일까?

엄마에게 칭찬받기 위해 아이는 엄마의 활동을 그대로 반복하는 재능만 키우게 된다. 상상하고 도전하는 재능은 인정받지 못하므로 꺾이는 것이 당연하다. 앞으로 이 아이가 엄마보다 훌륭한 사람이 될 확률은 매우 낮다. 그리고 아이의 행복감도 엄마의 눈치를 보며 점점 낮아질 수밖에 없다.

아이가 행복하게 자라길 바란다면 아이들의 '놀 권리'에 주목해야 한다. 아동의 행복지수가 가장 높은 네덜란드는 국가 정책은 물론 부모들까지 적극적으로 나서서 아이들의 '놀 권리'를 보장하고 있다.

네덜란드는 맞벌이 부부를 위해 출산 전후의 유급휴가를 철저히 정하고 있으며, 직장으로 복귀한 이후에도 시간제 근무나 재택근무 제도를 활용해 근무 시간을 유연하게 조정하도록 하고 있다.

육아를 도와주는 도우미를 파견해서 엄마가 쉴 수 있도록 지원하고, 어린이집에 보내고자 할 때는 개인 부담을 최소화한다. 물론 직장에 다니지 않는 엄마들도 똑같은 지원을 받을 수 있다. 개중에는 아이를 돌볼 여유가 되는 상황에도 불구하고 굳이 어린이집에 보내기도 한다. 아이가 단체 생활을 통해서 사회성을 기르고, 규칙을 익히고, 관계를 통해 '공감과 소통 방식'을 자연스럽게 배우도록 하기 위해서다.

네덜란드 엄마들은 아기들이 푹 잠잘 수 있도록 취침 시간을 정해놓고, 그 시간에 아이의 곁을 지킨다. 아이들이 성인보다 잠자는 시간이 긴 것은 당연하지만, 네덜란드 아이들은 우리나라 아이들보다 더 많이 잠을 잔다. 충분히 휴식을 한 아이는 활기차고 놀이에 더 적극적이다.

이 아이들이 자라서 다니는 초등학교에는 숙제가 없다. 그리고 학교 성적을 올리기 위해 다니는 보습 학원도 없다. 그러다 보니 아이들은 성적이나 등수를 올리기 위한 스트레스를 받지 않는다. 학교 수업이 끝나면 거기서 끝이다. 그리고 친구들과 어울려 뛰놀거나 집으로 돌아와서 논다. 놀이를 통해 사회성을 기르고, 놀이를 하면서 자연스럽게 규범과 규칙도 익힌다.

놀다가 피곤하면 잠을 자고, 쉬고 싶을 때는 책을 읽는다. 누가 강요해서 그런 것이 아니라 뛰어놀다 지치면 자연스럽게 책을 집어 드는 것이다. 아이에게는 책을 읽는 것이 휴식인 셈이다.

네덜란드 부모는 자신의 아이가 무리에서 튀지 않고 평범하게 자라기를 바란다. 유치원이나 학교에서 다른 아이들과 똑같은 교육을 받고 친구들과 잘 어울리며, 아이가 원하는 삶을 살아가기를 바란다.

반면 우리나라는 어떤가. 유치원에서 그림을 그릴 때도, 동요를 따라 부르거나 선생님의 질문에 대답할 때도 다른 아이보다 뛰어나서 눈에 띄기를 바라는 부모가 대부분일 것이다. 물론 그러기 위해서 특별한 과외도 마다하지 않는다.

아이들에게 '놀 권리'가 있다는 것을 우리나라 부모들은 인정하지 않는다. 이것이 우리나라 아이들의 행복지수가 하위일 수밖에 없는 이유다.

잘한다, 잘한다 하면 더 잘한다

『칭찬은 고래도 춤추게 한다』라는 책이 있다. 칭찬 한마디로 긍정의 힘을 끌어올리는 '칭찬의 기술'에 관한 책이다. 칭찬은 고래뿐만 아니라 '쇠심줄보다 더 고집 센 아이'까지 춤추게 만드는 가장 맛있는 당근이다.

그러나 아이를 키우다 보면 생각보다 감정이 앞설 때가 많다. 칭찬이고 뭐고, 순간적으로 화가 머리끝까지 치밀어 오른다.

"잠깐 쓰레기 버리고 왔는데, 그 짧은 시간 동안 무슨 일이 있었는지 아세요? 냉장고에서 달걀을 하나하나 꺼내서 벽에 던졌더라고요. 사방이 달걀 범벅인데 그걸 벽에 처바르고 바닥에 문지르고…. 너무 어이가 없어서 순간 멈칫 하고 있는데, 아들이 저를 보고 웃더라고요. 머리끝까지 화가 나, 당장 달려가 등짝을 후려쳤지요. 나중에는 후회를 했지만 그 순간은 정말 참을 수가 없었어요."

그런 상황이라면 누구든 그럴 법하다. 백 번 양보해서 물을 엎질렀다면 그래도 좀 낫겠는데, 달걀이라니…. 엄마 노릇 포기하고 싶은 순간이다.

도대체 어디까지 허용하고 어느 선에서 야단을 쳐야 하는지, 판단이 서지 않을 때는 아이가 '왜' 그랬을까를 생각해 봐야 한다.

엄마 화나게 하려고? 엄마를 골탕 먹이려고? 심술이 나서?

"도무지 모르겠어요. 딱히 이유도 없는데 그렇게 가끔 이상한 짓을 한다니까요. 그런데 제가 당황하면 그걸 보면서 재미있어 하니까, 그게 화가 나요. 남자아이라 그런지 잠시도 가만히 있질 않고 말썽을 부리네요."

상담소를 찾아오는 엄마들 대부분은 화가 나 있거나 우울하거나 무기력해 보인다. 그리고 아이들은 주눅이 든 채 눈치를 본다. 엄마는 엄마대로, 아이는 아이대로 서로에게 불만이 가득 차 있다.

그럴 때 엄마들에게 말해주는 것이 있다. 앞서 언급한 로봇공학자 데니스 홍이 TV에 나와 인터뷰한 내용이다.

"어렸을 때 모든 전자 제품을 제가 다 뜯어서 고장 냈어요. 라디오, 세탁기, 청소기, 믹서기, 심지어 컬러 TV가 제일 처음 우리나라에 나왔을 때 그거 산 지 이틀 만에 다 뜯어서 고장냈어요. 제가 지금도 부모님한테 정말 감사드리는 게 뭐냐면, 부모님은 저를 한 번도 혼내신 적이 없어요. 그때 만약 제가 혼났더라면 주눅이 들어서 아마 오늘날의 데니스 홍은 없었을지도 몰라요."

아들이 어떤 일을 하든 늘 지지해 주신 부모님, 호기심 가득했던 아들을 존중해 주신 부모님…. 자신의 부모님처럼, 자기 또한 아이들을 응원하고 싶다고 그는 말했다.

어른의 기준으로 볼 때, 아이의 행동이 못마땅하거나 도저히 이해할 수 없을지도 모른다. 하지만 아이가 '왜' 그랬을까를 생각해 보면 그리 화만 낼 일도 아니다. 아이의 잘못을 무조건 받아주라는 것이 아니라, 야단칠 일과 참고 넘어가야 할 일을 구분해야 한다는 말이다.

자신의 행동이 잘못된 것인 줄 알면서도 한다면 그것은 분명 야단맞을 일이다. 하지만 아이가 모른 채 한 행동이라면 알려줘야 한다. 그리고 다음에는 그러지 말라고 얘기해야 한다.

"물론 그렇게 해야 한다고, 이론으로는 잘 알고 있지요. 하지만 이론하고 현실은 다르더라고요. 막상 아이가 말썽을 부리는 걸 보면 버럭 소리부터 지르게 되고, 이론은 다음날에나 생각이 나니…. 아들 키우는 엄마 중에는 제 말에 공감하는 사람이 꽤 될걸요."

맞다. "어머, 내 얘기네!" 하는 사람이 있을 것이다.

그러나 곰곰이 생각해 봐야 한다. 앞서 말한 것처럼, 아이는 몰라서 그럴 수 있다. 알면서도 그런다면 잘못된 행동이고 야단맞을 일이다. 하지만 엄마는 알면서도 실천하지 못하고 있지 않은가. '잘 안 돼요. 화가 나는 걸 어떡해요'라고 변명하지 말고, 알고 있다면 자신의 행동을 수정하는 것이 옳다.

부모의 말과 행동은 아이에게 큰 영향을 미친다. "너는 왜 만날 말썽만 부리니, 이 사고뭉치야!"라는 말을 들으며 자란 아이와, "우리 아들은 세상이 호기심 천국이구나! 이게 그렇게 궁금했어? 아주 신났겠다!"라는 말을 들으며 자란 아이의 자존감은 크기부터가 다르다.

아이가 달걀을 깨뜨려서 주방이 달걀 범벅이 됐다면, 신나게 잘 논 아이에게 한 번 웃어준 다음, "그런데 달걀이 없어서 당분간은 달걀프라이 못 해 먹겠다. 어떡하지?"라거나 "달걀을 다 버려야 해서 좀 아깝다, 그렇지? 다음에 엄마가 달걀찜할 때 부를 테니까, 그때 네가 달걀을 냄비에 깨줄래? 그럼 엄마가 맛있는 반찬을 만들어줄게" 하고 말을 건네는 것은 어떨까.

아이의 잘못된 행동에 윽박지르고 화내는 것보다, 잘하는 행동을 칭찬하고 앞으로 어떻게 해야 할지 방향을 제시해 주는 것이 훨씬 긍정적인 교육 효과를 가져온다. 아이들은 "잘한다, 잘한다" 하면 더 잘한다. 이론을 실천해본 사람은 그것이 무슨 말인지 알 것이다.

5

친구 같은 엄마의 생활 속 놀이법

28개월부터 아이는 "엄마, 아빠 어디 갔어?"처럼 네 어절로 된 질문을 던진다. 궁금한 것을 더 구체적으로 표현하는 능력이 생긴 것이다. 문장 순서가 뒤바뀌어서 "갔어? 응? 아빠!" 하고 묻는다면 엄마가 "아빠 어디 갔느냐고?" 하고 바로잡아서 되묻는 형식으로 아이에게 알려준다. 말은 반복할수록 는다.

아이에게 심부름을 시키는 것도 좋은 교육이다. 엄마가 아이의 손발 노릇을 하는 것은 좋지 않다. 아이가 머리와 몸을 쓸 수 있는 기회를 만들어야 한다. 물론 이때 아이가 이것을 심부름이 아닌, 놀이로 느낄 수 있도록 재미와 칭찬이 뒤따라야 한다.

생후 25~36개월, 대근육 운동을 해야 할 시기

사람의 뇌는 크게 좌뇌와 우뇌로 나뉜다. 좌뇌는 언어나 신호를 사용한 논리적 기능을 담당하고, 우뇌는 창조적 발상 등 감각적 기능을 담당한다. 그중 우뇌가 먼저 발달하고, 성장하면서 여러 지식과 정보를 습득하는 가운데 좌뇌가 발달하는 것이 당연한 순서다.

그런데 요즘 아이들은 밖에 나가 뛰어놀 시기에 집에서 스마트 기기를 가지고 놀다 보니 우뇌보다 좌뇌가 먼저 발달한다. 결국 우뇌가 발달할 시기에 좌뇌가 계속 자극을 받으면서 좌뇌와 우뇌의 불균형이 생기는 것이다. 좌뇌와 우뇌가 불균형하면 ADHD, 조울증이 올 수 있으며 이로 인해 사회성에도 문제가 생긴다.

두 돌이 지나면 신체 활동이 활발해지므로, 이때부터 본격적으로 대근육 운동을 해서 우뇌 발달을 자극하는 것이 좋다.

대근육 운동은 목이나 몸통, 팔다리 등 큰 근육을 움직이면서 몸을 균형 있게 발달시키고, 눈과 손의 협응력을 이끌어내며, 균형 있는 바른 자세를 유지하는 데 필요한 운동이다. 몸 전체를 사용하면서 운동을 할 때 몸이 건강해지는 것은 물론 뇌가 건강해지며 정서적으로도 안정이 된다. 운동을 하면 몸속 혈액량이 증가하여 산소 공급이 원활해지고 뇌세포가 활성화되기 때문이다.

엄마와 아기가 함께하는 대근육 운동 열 가지

1. 계단 오르내리기

다리 근력을 키우는 중요한 동작으로, 특히 계단을 내려올 때는 시각적인 깊이를 인지하면서 내려와야 하므로 시각과 균형감각 즉, 시각운동통합이 요구된다.

2. 멀리 뛰기

바닥에 30센티미터 간격으로 여러 개의 선을 그어 놓고 선을 보며 멀리 뛴다.

3. 신문지 공 만들기

신문지를 뭉치고 그것을 여러 번 감싸서 축구공을 만든다. 아이가 만들고, 엄마가 스카치테이프를 붙여서 단단하게 한다. 다 만든 다음 축구 게임을 한다.

4. 박스동굴 통과하기

라면박스, 택배박스 등을 여러 개 연결해서 동굴을 만든 다음, 그곳을 누가 빨리 통과하는지 겨룬다.

5. 앞구르기

이불을 두껍게 깐 다음 그 위에서 앞구르기를 한다. 요령이 생길 때까지, 엄마가 곁에서 도와준다. '앞구르기 두 번 하고 일어나서 코끼리코 다섯 바퀴 돌기' 이런 식으로 난이도를 높인다.

6. 풍선 안 떨어뜨리기

바람이 든 풍선을 쳐 올려서 바닥에 떨어지지 않도록 한다. 아이가 풍선에 집중하다가 넘어질 수 있으므로 바닥에는 매트를 깐다.

7. 과자 따먹기

아이가 손을 뻗어서 닿지 않을 높이에 양파 과자를 매단 다음, 아이가 깡충 뛰어서 그것을 잡도록 한다.

8. 매달리기

철봉에 매달려서 1초 버티기, 2초 버티기 등 시간을 조금씩 늘려가며 매달리기를 한다.

9. 효자손 게이트볼

작은 상자의 앞뒤에 구멍을 뚫은 뒤 스카치테이프로 바닥에 붙인다. 그렇게 세 개의 게이트를 만든 다음 효자손만을 이용해 볼풀공을 세 개의 게이트에 차례로 통과시킨다.

10. 반짝반짝 작은 별

제자리걸음하면서 양손으로 '반짝반짝 작은 별'을 한다. 별이 위에서, 양 옆에서, 아래에서 반짝반짝 빛날 수 있도록 엄마가 마주 서서 시범을 보인다.

잘 노는 아이가 똑똑하다

"그만 놀고 공부해!"

살면서 이런 말을 한 번도 안 들어본 사람은 없을 것이다. 그래서 우리의 머릿속에는 '놀이는 그만. 공부해'가 못박혀 있다. 아예 '노는 것은 나쁜 것. 공부는 좋은 것'이라고 생각하는 사람도 있다. 하지만 몸을 활발하게 움직이며 뛰어노는 아이가 똑똑하다는 연구 결과가 속속 발표되고 있다.

미국 오레곤보건과학대 의대신경과학과 연구진은 '짧은 시간이나마 규칙적으로 운동하는 것이 건강뿐만 아니라 학습 능률을 높이고 기억력을 향상시키는 등 두뇌 활동에도 도움이 된다'는 연구 결과를 생명과학 분야 국제학술지 「e라이프」 2019년 8월호에 실었다.

연구팀에 따르면, 운동을 하면 'Mts1L'이라는 유전자가 활성화되면서 학습과 기억, 새로운 것에 대한 인식에 관여하는 뇌의 해마부위 뉴런의 연결이 늘어나고 시냅스 증가가 촉진된다. 또한 오랜 시간 운동하는 것보다 10~30분 이내의 가벼운 산책이나 10분 이내의 숨 가쁜 운동이 두뇌에는 효과적이라고 한다.

이뿐만이 아니다. 모든 놀이에는 규칙이 있다. 놀이나 게임을 잘하기 위해서는 그 규칙을 잘 이해해야 하는데, 그것은 다양한 시행착오를 통해 이루어진다. 즉 여러 번 놀이와 게임을 반복하면서 스스로 규칙을 익히는 것이다.

여럿이 하는 놀이일 경우 협력과 공조가 필요한데, 그러기 위해서는 구성원들과의 소통이 중요하다. 여러 명이서 소통할 때 자신이 어떻게 행동해야 하는지를 살피면서 사회성이 생긴다.

열심히 뛰어논 아이는 밤에 푹 잘 잔다. 푹 자면 다음날이 개운하고 기분 좋아지는 것은 어른이나 아이나 마찬가지다. 기분이 좋으면 말도 잘하고, 상대방의 말에도 긍정적으로 반응한다.

잘 노는 아이가 성격도 밝고 똑똑할 수밖에 없다. 집중력과 기억력이 좋고, 이해력이 좋고, 사회성까지 좋다면 '똑똑한 아이'라고 칭찬받는 것은 당연하다.

반드시 알고 넘어가야 할 것이 있다

아이들은 자라면서 시기별로 비슷비슷한 성장 과정을 거친다. 물론 정도의 차이는 있지만, 다른 아이들은 다 잘하는데 우리 아이만 못하는 것이 있다면 반드시 짚고 넘어가야 한다. '우리 애가 좀 늦돼서 그래. 좀 지나면 하겠지' 하고 내버려 두었다가는 나중에 '아차!' 하고 후회할지도 모른다.

25~36개월 시기의 아이들은 어떤 것을 할 수 있는지 그리고

어떤 것을 해야 하는지, 꼼꼼하게 점검해 보는 시간이 필요하다.

소유격을 인지하기

"이거, 누구 거지?" 하고 물었을 때 "내 거지. 내 붕붕이" 하고 대답할 수 있어야 한다.

"엄마 눈은 어디 있지?" 하고 물으면 와서 엄마의 눈을 손가락으로 짚어야 하고, "아빠 귀는 어디 있지?" 하고 물으면 아빠의 귀를 짚을 수 있어야 한다. '누구의 것'인지를 아는 것은 자아가 생겨나는 시기에 지켜야 할 약속 같은 것이다.

내 것과 남의 것, 내가 소유할 수 있는 것과 내가 소유할 수 없는 것을 알 때 아이는 도덕과 규칙을 지키며 원만한 관계를 만들어 나갈 수 있다.

'똑같다'와 '다르다'의 개념 알기

카드 서너 장을 놓고 그중 똑같은 그림을 찾아본다. 똑같은 것과 다른 것을 구분할 수 있어야 하며, 큰 것과 작은 것을 알아야 한다. 예를 들어 연둣빛 사과 그림, 큰 빨간 사과 그림, 작은 빨간 사과 그림 카드를 늘어놓은 뒤, "어느 것과 어느 것이 같은 사과일까?" 하고 묻는다. 아이가 빨간 사과 그림 두 장을 고르면, "이 둘 중 어느 것이 더 클까?" 하고 묻는 식이다.

동그라미, 네모, 세모 등 간단한 도형을 그린 뒤 아이에게 따라 그리도록 하고, 그 도형이 어떻게 다른지 설명해 보도록 하는 것도 좋다.

‘있다’와 ‘없다’의 개념 알기

“물 없는 컵이 어디 있지?”

“멍멍이 그림 있는 동화책, 가져오세요.”

아이가 친숙하게 느끼는 사물을 통해 개념을 알려주는 것이 좋다. 비슷한 두 가지를 묶어서 하나의 공통점을 만들어주는 방법도 있다.

“물컵과 밥그릇에는 손잡이가 없네.”

“자동차와 자전거에는 바퀴가 있구나.”

‘있다’와 ‘없다’를 비교해서 알려주면 더 기억하기 쉽다. 예를 들어 식빵과 크림빵을 앞에 두고 ‘크림 없는 빵’, ‘크림 있는 빵’이 어떻게 다른지 직접 보여주고, 맛보는 것이다. ‘크림’이란 한 가지 소재만 가지고 설명하기 때문에 비교적 이해하기 쉽다. ‘있다’와 ‘없다’를 인지한 다음에는 다양한 소재를 두고 비교해서 알려준다.

문장 알아듣고 실행하기

서너 어절로 이루어진 문장을 이해하고 그대로 실행하는지 살펴본다.

“네 신발 가져오렴.”

"아빠한테 딸기 갖다드려."

"할머니께 고개 숙여서 인사하세요."

아이가 하지 못할 때는 원인을 찾아야 한다. 사물의 이름을 몰라서인지, 사람을 인지하지 못하는 건지, 지시하는 행동을 이해하지 못해서인지…. 아니면 아이가 난청이거나 인지능력에 문제가 있을 수도 있다. 건강의 문제가 아니라면 아이에게 부족한 부분을 하나하나 알려주면 되고, 건강 이상이 염려된다면 병원을 찾아가서 검사를 받아보는 것이 좋다.

사물 이름 두 가지 이상 기억하기

'○○과 △△' 이런 식으로 두 가지 이상의 사물을 기억하는지 확인한다.

"빵과 물컵 가져와."

"종이하고 색연필 가져와."

사물의 이름을 한 가지씩 늘려가면서, 아이가 잘 기억할 때마다 칭찬을 한다. 칭찬받는 즐거움을 더하면 아이는 더 많이 기억하기 위해 노력할 것이다. 그러나 아이가 외우기를 힘들어 한다거나 짜증낸다면 '빵과 물컵', '종이와 색연필' 등 동일한 내용을 반복한다. 하루에 2~3회, 사나흘 반복하면서 기억력을 자극해 주는 것이 좋다. 기억력은 반복 학습을 통해 얼마든지 좋아질 수 있다.

25~36개월 우리 아이 잘 키우기 핵심 노하우 서른 가지

1. 아이가 가장 좋아하는 친구 되기
2. 한글 시작하기
3. 훈육 시작하기
4. 규칙을 만들어 지키기
5. 배변 활동 완성하기
6. 언어 확장을 위해 의성어, 의태어 많이 쓰기
7. 어린이집·유치원에 가기 전 기본 생활 습관 잡기
8. 시간 관념, 선악에 대한 개념을 알려주기 위해 전래동화, 이솝우화, 동화책 읽어주기
9. 감정에 대해 알려주기
10. 화났어, 사랑해, 너 좋아 등 말로 감정을 표현하기
11. 집중력 키우기
12. 늘 행복한 느낌이 들게 해주기
13. 선택의 기회를 많이 주기
14. 영상물 보여주지 않기
15. 핑퐁대화가 되도록 대화 주고받기
16. '씩씩한 도형이', '척척박사 수진이'처럼 이름 앞에 수식어 만들어 부르기

17. 자기 일을 스스로 할 수 있도록 격려하기

18. 상상력이 최고조이므로 아이의 상상력에 맞장구치기

19. 청개구리처럼 말 안 들을 땐 단호해지기

20. 가위질하기

21. 기다리는 연습하기

22. 심부름하기

23. 잘 때는 5분 암시법 해주기

24. 성교육은 금물

25. 블록 쌓기 놀이하기

26. 자리에 앉아서 스스로 밥 먹기

27. 1~5까지 양의 개념 알기

28. 숫자는 10까지 읽기

29. 손, 손목, 손가락, 손등…. 신체 부위 정확히 알기

30. 단어, 어휘력 확장하기

25~36개월에는 아이가 정서적으로 안정될 수 있도록 생활 학습이 시작되어야 한다. 감성지수가 높은 시기이기 때문에 상상력도 풍부하지만 감정의 기복이 큰 때이기도 하다. 작은 일에 울고, 사소한 일에 무섭게 화를 내거나 폭력적이 되기도 한다. 그러다가 언제 그랬냐는 듯 갑자기 밝게 웃어서 당혹스럽기도 하다.

이 말은 곧 사소한 말 한마디가 아이에게 상처나 트라우마를 줄 수도 있다는 뜻이다. 반면 칭찬 한마디에 자존감이 높아지기도 한다. 그러므로 아이의 감정이 고조되면 잠시 주의를 환기시켜야 한다. 예를 들어 울음을 터뜨린 아이가 목청을 높이려는 조짐이 보이면 재빨리, "쉿! 잠깐만, 저게 무슨 소리지? 매미가 우는 것 같은데! 자전거 소리인가?" 하면서 귀를 기울이면 아이는 울던 것을 잊고 귀를 기울인다. "저기 솜사탕 할아버지가 오신 것 같은데, 한번 가볼까?" 하고 있던 자리에서 벗어나는 것도 괜찮다.

아이를 훈육할 때도 요령이 있다. 규칙을 정한 다음 일관성 있게 훈육을 해야 한다. 자아가 강한 시기이기 때문에 엄마의 말을 어기고 자기 마음대로 하려는 경향이 강하다. 그러나 엄마와 기싸움을 하려고 할 때는 단호하게 대응해야 한다.

이때 엄마는 아이를 감정적으로 대해서는 안 된다. 아이는 자기가 잘못한 것을 알고 있으면서도 엄마가 감정적으로 자기를 대했을 때 더 엇나가거나 상처를 받는다. 자신이 잘못한 일 때문에 엄마가 화를 내는 것이 아니라 자기를 미워하기 때문이라고 오해하는 것이다. 아이가 그런 마음을 가지면 올바른 훈육이 이루어지지 않는다. 아이를 야단치는 것이 목적이 아니라 어떤 행동이 왜 잘못되었는지 지적하고, 똑같은 행동이 반복되지 않도록 하는 것이 훈육의 목적이라는 것을 잊어서는 안 된다.

48개월 된 아이가 요즘 부쩍 "아이, 씨!", "죽을래?" 같은 말을 합니다.
이것 때문에 어린이집에서도 야단을 맞은 모양인데, 그 이후로도 혼잣말처럼 나쁜 말을 중얼거립니다.
더 호되게 야단을 쳐야 하는 건지…. 어떻게 해야 할까요?

PART

3

37~48개월

어른 같은 엄마

엄하지만 존경스러운 어른이 되다

그간 아이와 좋은 친구 관계였다면 이제는 어른으로서의 엄마 모습을 보여줘야 한다. 이 시기에 아이가 "야!" 하고 부른다면 그때는 "어른한테는 그렇게 하면 안 돼!" 하고 주의를 준다. 그리고 친구와 놀 때, 어른들과 처음 만났을 때, 친척이나 가족을 대할 때 아이가 지켜야 할 규범과 예절을 알려준다. 아이가 성장한 만큼, 이 시기의 엄마 또한 성장해야 한다.

사실 나이로 따지자면 이미 어른이지만, '아이에게 모범이 되는 어른'이라고 자부하는 엄마는 많지 않을 것이다. 쉽게 감정에 휘둘리고, 일관성 없는 행동으로 아이를 대하고, 아이 앞에서 무심결에 부부 싸움을 하고…. 누구 말처럼 '어쩌다 나는 엄마가 됐을까!', '어쩌다 보니 엄마'의 모습인 것이다.

내 나이 스무 살 때, 한 번의 대혼란을 겪었다. 법적으로 '어른'이 되어 자유와 책임을 부여받았지만, 그 이전까지는 단 한 번도 어른으로서의 교육을 받아본 적이 없었다. 고교 시절에는 공부 외에는 무엇이든 "안 돼!"라고 했고, 하고 싶은 일은 "대학 들어간 다음에"로 유보되었다. 그런데 대학에 들어간다고 해서 하루아침에 어른이 되는 것은 아니었다. 자유가 주어졌지만 어디까지 누릴 수 있으며 그것을 어떻게 책임져야 하는지 알지 못했다. 스스로 어른이 되기 위해 좌충우돌하면서 대혼란을 경험해야 했다.

인생에서 큰일이라고 할 수 있는 결혼, 출산, 육아도 마찬가지였다. 이론으로 알고 있는 것과 실제 경험은 달랐다. 아니, 머리가 아는 것과 몸으로 겪어내는 것이 달랐다. 아이가 태어나면서 '엄마'가 되었지만 엄마로서의 삶을 받아들이기까지 얼마나 오랜 시간이 걸렸는지…. 그때 누군가 곁에서 나에게 "결혼은 이런 거야", "아이를 낳고 엄마가 되는 것은 이런 거야"라고 알려준 사람이 있었다면 조금 덜 힘들었을 것 같다.

내가 엄마들 앞에서 강의할 때 '이웃집 언니' 같은 마음으로, 답답한 마음을 직설적으로 표현하는 것도 그 이유다. 돌려 말하면 단박에 알지 못한다. 그래서 어른으로서 단호하게 말하는 것이다.

어른들에게 인생 선배의 조언이 필요한 것처럼, 아이에게도 자신을 이끌어줄 어른이 필요하다. 아이에게는 하루하루 일어나는 낯선 일들이 새롭고 신기하지만, 반면 두렵고 힘들기도 하다. 그럼에도 불구하고, 37개월을 넘어서면 독립심과 자립심이 강해지기 때문에 아이들은 하루하루 조심스럽게 도전해 간다.

혼자 할 수 있는 일들이 많아지면서 자신감도 생기고, 부모의 도움을 간섭이라고 생각하거나 거절하는 일도 생긴다. 하지만 아이는 늘 서툴다. 의지와 달리 계속 실수하고 결과는 엉망이다.

사실 실수 자체가 문제는 아니다. 아니, 실수하는 것이 당연하다. 그러나 실수하고 결과가 안 좋을 때 아이는 주눅이 든다. 자책하고 우는 아이도 있다. 그것이 누적되면 결국 소극적이고 자신감 없는 아이로 성장하는 것이다.

아이가 실수하는 일이 적도록, 실수를 했더라도 다시 도전해서 좋은 결과를 얻을 수 있도록 도와줘야 한다. 그러려면 무조건적인 칭찬보다는 실수한 원인이 무엇인지를 알려주고, 수정해서 다시 도전해 보라며 다독이고, 격려하고, 응원해야 한다. 이제는 "내 새끼 최고!"라는 말보다는 "실수해도 괜찮아"라는 말이 더 힘이 된다고 느끼는 시기다.

"여태 아이와 친구처럼 어울려 놀았는데, 갑자기 선을 긋고 '엄마는 어른이야' 하면 혼란스럽지 않을까요? 그리고 아이는 엄마가 친구처럼 대해 주는 것을 더 좋아할 텐데….”

부모 중에는 이렇게 생각하는 사람이 의외로 많다. 그러나 앞서 말한 것처럼, 아이가 성장하면 그에 따라 부모의 역할이 바뀌어야 한다. 부모가 친구처럼 다가가야 하는 시기는 생후 25~36개월 그리고 사춘기 때다. 생후 37개월로 접어들어 48개월까지는 부모가 어른스럽게 아이를 가르치고 모범이 되어야 한다.

이 시기의 아이들 또한 자신을 이끌어줄 부모의 어른스러운 모습을 통해 안정감을 갖는다. 독립과 자립에 대한 강한 의지는 부모의 보호와 교육 안에서 이루어져야 한다. 또한 아이는 부모의 행동을 관찰하고 따라 하면서 ‘가족’이라는 울타리 속에서 소속감을 갖게 된다.

적당한 통제와 규율이 무조건적인 자유보다 편안하다는 것을 아이가 알 수 있도록, 존경할 만한 어른으로서 엄마 또한 성장해 가기를 바란다.

1

본격적인 어른 노릇이 시작된다

"어떻게 해야 아이를 잘 키울 수 있을까요? 책도 보고, 육아 관련 정보도 찾아보면서 노력하고 있기는 한데, 지금 잘하고 있는 건지 모르겠어요. 시간이 지날수록 점점 어려워지네요."

엄마들의 마음 한구석에는 늘 이런 불안함과 미안함이 있다. 특히 첫아이를 키우는 엄마들은 더하다. 아이가 떼쟁이인 것도, 소극적인 것도, 눈치를 보는 것도 엄마 때문은 아닌지 걱정이다. '재가 날 닮아서 그런가?' 하고 조심스럽기도 하다.

하지만 엄마의 걱정만큼 큰 문제를 갖고 있는 아이는 거의 없다. 우리 아이만 유별난 것이 아니라, 아이들은 대개 비슷비슷한 과정을 밟아 성장하고 있다. 그런데 말 그대로 '엄마가 처음이라' 걱정이 많은 것뿐이다.

엄마가 불안해하고 아이를 믿지 못하면 아이들은 그것을 고스란히 몸으로 느낀다. 그리고 서툴더라도 인내심을 갖고 노력하는 엄마의 모습도 아이들의 마음에 다 전달된다.

"아이가 성장하는 과정도, 아이와 엄마가 발맞춰 가는 과정도 마음 편히 즐기세요. 과정을 즐기지 않으면 좋은 결과를 얻을 수 없어요." 엄마의 성장을 응원할 때 내가 늘 하는 말이다.

버럭 화내지 않고, 이유를 설명한다. 어른답게!

엄마가 아이에게 화를 내는 이유는 다양하다. 아이의 행동이 다른 사람에게 폐가 되거나, 위험한 행동이거나, 자기 고집을 부리면서 떼를 쓰거나, 규칙을 지키지 않거나…. 그리고 엄마를 귀찮게 하거나, 얄밉게 굴거나, 야단치는데 딴짓을 하면서 화를 돋울 때….

전자의 경우는 충분히 이성적으로 "안 돼!" 하고 말할 수 있지만 후자의 경우는 이성적인 대응이 어렵다. 왜냐하면 '귀찮다', '얄밉다', '화를 돋운다'는 표현 자체에 이미 엄마의 감정이 들어가 있기 때문이다. 엄마가 감정적인 상태라면 당연히 아이를 이성적으로 대할 수 없다.

물론 처음에는 아이에게 친절하고 자세하게 설명했을 것이다. 그럼에도 불구하고 아이가 잘못된 행동을 반복할 때 참았던 화가 폭발한다.

"○○아, 너 약속 잊었어? 장난감 가지고 논 다음에는 제자리에 가져다 놓기로 했잖아. 지난번에 그렇게 하기로 약속했어, 안 했어?"

"안 했어."

"뭐라고? 어디서 딴소리야! 지난번에 약속했잖아."

"나 안 했는데. 생각이 안 나."

"정말 생각이 안 난다고? 그럼 생각나게 해줄까? 안 되겠다. 회초리 어디 갔지?"

엄마는 장난감으로 엉망진창이 된 방을 보고 이미 신경이 날카로워진 상태인데, 아이가 딴소리를 하자 화가 폭발하고 만다. 엄마의 반응과 '회초리' 소리에 겁을 먹기는 했지만 제 고집이 생긴 아이는 칭얼거리기 시작한다.

"어제도 내가 치우고 지난번에도 내가 치웠잖아. 나, 너무 많이 해서 팔도 아프고 다리도 아파. 이번에는 엄마가 치워야지."

"야, 무슨 소리야! 네가 가지고 논 장난감을 왜 내가 치워? 그렇게 정리

안 하려면 장난감 다 가져다 버려."

감정에 휩싸여 감정적인 대응을 하면 아이를 제대로 교육할 수 없다.

처음 몇 번은 무서워서 엄마의 말을 따르겠지만, 이런 상황을 거듭 겪어본 아이는 엄마가 더 심하게 화를 내도 무서워하지 않는다. 엄마가 감정을 끌어올려 화내고 소리 지르는 동안 아이도 감정적인 방어를 준비하는 것이다.

'감정적인' 대응이란 엄마의 시각에서 판단하는 것이 아니라 아이의 관점에서 판단해야 한다.

"엄마가 화내서 무서워요" 하고 우는 아이 옆에서 "내가 언제 화냈다고 그래!" 하는 엄마가 있다. 엄마는 화내지 않았다고 생각하는데 아이는 엄마가 화를 냈다고 말한다. 이게 어떻게 된 일일까? 엄마는 감정이 폭발해 아이를 야단칠 때만 스스로 '화냈다'고 생각하지만, 아이는 그렇지 않다.

"엄마, 빨간색은 왜 빨간색이라고 했어? 누가 그렇게 말한 거야?"

"그건 사람들끼리 약속한 거지. 이런 색을 빨간색이라고 하자, 이렇게."

"그럼 코딱지는 무슨 색이라고 하기로 했어?"

지하철 안에서 아이가 코딱지 묻은 손가락을 쓱 들어 올리면서 물어보자

당황한 엄마가 주변 눈치를 살피며 이맛살을 찌푸렸다.

"어머, 왜 더럽게 코딱지를 손으로 파고 그래. 손가락 이리 내!"

엄마는 자신이 화를 낸 게 아니라고 말할지도 모른다. 하지만 당황하고, 주위 사람들의 눈치를 살피고, 이맛살을 찌푸린 엄마의 모습을 보면서 아이는 '엄마가 내게 화났구나!' 생각한다. 그리고 가방에서 물휴지를 꺼내 자기 손가락에 묻은 코딱지를 닦아내는 엄마를 보면서 아이는 이렇게 생각할 수도 있다.

'아, 코딱지라는 말을 하면 안 되는구나. 코딱지는 엄마를 화나게 하는 거구나!'

엄마를 화나게 하지 않으려면 코딱지라는 말을 하면 안 되고, 엄마 눈에 코딱지가 띄어서도 안 되므로 아이는 코딱지에 집착하게 된다. 소통이 제대로 이루어지지 않은 상태에서는 다양한 오해가 생겨난다.

그렇다면 이런 상황에서 어떻게 해야 할까?

혹시 '내 아이를 옆집 아이처럼'이라는 말을 들어본 적이 있는지…. 이 말은 친절함을 앞세워 객관성을 유지하라는 뜻으로, 감정적인 행동을 방지하는 효과가 있다.

아이가 거실에서 뛰어다니다가 우유가 가득 든 컵을 발로 찼다면 엄마의 반응은 어떨까?

대부분은 쏜살같이 달려가서 "엄마가 거실에서는 뛰지 말라고 그랬지? 너 왜 이렇게 말을 안 들어?" 하고 화를 낼 것이다. 그런데 달려가 보니 내 아이가 아니라 옆집 아이가 그랬다면 어땠을까? "다치지 않았어? 놀다 보면 넘어뜨릴 수도 있지, 뭐. 아줌마가 치울 테니까 방에 들어가서 놀고 있어" 하고 친절하게 말할 것이다.

옆집 아이에게는 더없이 친절하면서 내 아이에게는 왜 그렇지 못하는 걸까? 내 아이니까 함부로 대해도 괜찮다고 생각하는가? 내 아이도 옆집 아이만큼 귀하고 약하다. 문제가 생겼을 때 어른에게 보호받고 위로받는 게 당연하다.

실수와 실패를 인정하지 않으면 엄마도 아이도 스트레스가 쌓인다

"아이의 말수가 늘면서 또박또박 말대답을 하니까 스트레스가 쌓여요. 자기 말만 하고 제 말은 귓등으로도 안 들어요."

아이와 말씨름을 하느라 신경이 곤두서 있다는 한 엄마는 그러는 자신이 한심하게 느껴진다며 우울한 표정을 지었다.

"제가 얼굴을 찌푸리고 있으면 애가 저를 빤히 쳐다보면서, '어이구, 머리 아파. 내가 엄마 때문에 스트레스가 쌓인다, 쌓여!' 하고 속을 긁는다니까요. 자기가 말썽을 부려놓고 오히려 엄마 때문에 스트레스를 받는다지 뭐예요."

엄마는 억울한 심경을 하소연하지만, 아이의 말이 틀린 것은 아니다. 스트레스 받아서 잔뜩 찌푸린 엄마를 보고 있으면 아이도 스트레스를 받는다. 그리고 아이가 '스트레스' 운운하는 것 또한 엄마에게 배운 말이다.

37~48개월, 즉 네 살에서 다섯 살 된 아이는 뭐든 '스스로' 하려고 애쓴다. 그간 배우거나 눈여겨본 것을 혼자 도전하면서 독립심을 키우는 시기인 것이다. 하지만 자기 마음과 달리 제대로 해내는 게 적으니 실수와 실패 연발이다.

그것을 지켜보는 엄마는 '차라리 내가 해주고 말지' 하는 생각이 들 만큼 답답하다. 혼자 세수한다면서 옷을 흠뻑 적시고, 신발 양쪽을 바꿔 신고, 식탁 의자 밟고 올라가다가 뒤뚱거려 넘어지고…. 엄마는 아이 뒤치다꺼리하느라 정신이 없다.

"처음부터 잘할 수는 없어. 괜찮아. 다시 한번 해봐" 하고 아이를 격려하는 것도 잠시, 아이의 도전이 거듭되면 어느 순간 "아, 좀!" 하고 짜증을 내게 된다. 그리고 그 짜증은 고스란히 아이에게 전달된다.

이러한 엄마의 반응을 보면서 아이는 주눅이 든다. '또 실수하면 어쩌지?', '엄마가 화내면 어쩌지?' 하는 불안감 때문에 도전을 두려워하게 된다.

"아이들에게 실패할 자유를 제공하고, 어떠한 순간에도 실패를 받아들일 수 있도록 격려한다. 그래야 자신의 편안한 바운더리를 넘어 새로운 것을 시도해 보는 데 집중할 것이다. 자신의 한계를 넘어가는 일이 항상 성공적일 수 없기에 실패를 두려워하지 않는 마음가짐이 중요하다."

링링예술대학교 래리 톰슨Larry R. Thompson 총장의 말이다.

효과적인 스트레스 관리 방법을 찾는다

어른이든 아이든 스트레스가 없어야 한다.

"소장님, 하루 종일 아이와 붙어있는 게 너무 힘들어요. 저만의 시간이 없잖아요. 아무 일 안 하고, 아무 생각도 없이 혼자 있고 싶을 때가 있어요."

엄마에게도, 아이에게도 자기만의 시간이 필요하다. 하루에 한두 번, 약속을 정해서 아이에게 혼자만의 시간을 주자. 잠을 자든 놀이를 하든 음악을 듣든, 아이가 마음껏 그 시간을 누릴 수 있도록 배려한다. 그 시간 동안 엄마도 자기만의 시간을 가지면서 스트레스를 관리한다. 아이가 혼자 있기로 한 시간은 방치가 아니라 약속이기 때문에, 아이는 불안감 없이 자유를 누릴 수 있다.

그리고 주말이면 근처 공원이나 잔디밭에서 아이가 초록색을 보면서 걸을 수 있게 해주는 것이 좋다.

영국 에식스대학 연구팀은 20대 초반의 학생을 대상으로 비디오를 보면서 실내자전거를 타도록 하는 실험을 했다. 비디오는 녹색, 검정색, 흰색, 빨간색의 배경이 5분 간격으로 번갈아 나왔고, 학생들은 실내자전거를 타면서 순간순간의 느낌이 어떤지 기록했다. 그 결과 녹색 비디오를 보면서 운동할 때 피곤을 덜 느끼고 기분이 안정된다는 결과를 얻을 수 있었다. 이것이 '녹색 효과'다.

초록색은 아이의 마음에 편안함과 여유를 가져다준다. 그리고 초록색을 바라보면 긴장했던 뇌가 안정되면서 행복감을 준다.

그림을 그리거나 글씨를 쓰면서 자신의 생각을 표현하도록 하는 것도 좋다. 장난감을 집어 던지고, 동생을 괴롭히고, 짜증을 내면서 우는 것보다 그림이나 글씨로 표현했을 때 엄마가 그 마음을 잘 알아준다는 것을 아이에게 반복해서 설명한다.

누군가 자신의 마음을 알아주는 것만으로도 스트레스의 절반은 줄어든다. 의사소통이 원활하지 않은 어린아이들의 경우 더욱 그러하다. 어른들은 스트레스를 스스로 치유할 수 있는 방법을 찾을 수 있지만, 아이들은 그 방법을 아직 알지 못한다. 그러므로 아이의 감정을 자주 물어보고, 그 감정에 공감해 줘야 한다.

2

아이의 독립심과 자율성을 존중한다

엄마와 아이는 한 몸이었다가 출산 이후 둘로 나뉜다. 이것이 아이에게는 첫 번째 독립이다. 그러나 출생은 본인의 의지와 상관없이 이루어진 일이며 태어난 이후 얼마간은 아이 스스로 할 수 있는 일이 아무것도 없다. 정확히 말하면 독립이 아니라 '분리'인 셈이다.

하지만 아이는 세상에 태어난 이후 줄곧 독립을 준비한다. 젖 대신 밥을 먹고, 손 대신 도구를 사용하고, 걸음마를 배우는 것이 부모의 눈에는 당연한 성장 과정으로 보이겠지만, 아이는 홀로서기 위해 고군분투하는 중이다.

세 돌이 지나면 아이는 혼자서 할 수 있는 일을 찾아 끊임없이 두리번거린다. "엄마가 해줄까?"라는 물음에 "싫어. 내가 할 거야. 내가 할 수 있어"라고 거절하면서 잘하든 못하든 도전한다. 비로소 아이가 엄마로부터 첫 번째 독립을 하려는 시기다.

아이가 건강하게 독립하려면 엄마의 믿음과 지지가 필요하다. 말로는 "우리 아들, 혼자서도 잘하네. 최고!"라면서도 내심 앞뒤 뒤집어 입은 티셔츠가 못마땅하다. "혼자서 이 닦았어요? 우쭈쭈, 반짝반짝 이쁘구나" 하고 말하지만 '구석구석 잘 닦은 게 맞나? 대충 닦아서 충치 생기면 어쩌지?' 하는 불안감을 갖는다. 그래서 옷을 다시 뒤집어 입히고, 아이를 욕실로 데려가서 다시 이를 닦아준다.

눈치 빠른 아이는 자기가 뭔가를 잘못했다는 것을 직감한다. 그리고 번번이 지적이 계속되면 의기소침해져서 스스로 뭔가를 하기 전에 엄마의 눈치 먼저 살핀다. 부모가 아이를 믿지 못하고 과잉보호를 하는 경우 독립이 늦어질 수밖에 없다.

부모가 뒷짐을 져야 아이의 독립심이 커진다

이 시기 엄마들이 제일 힘들어하는 점이 '가만히 지켜보는 것'이다. 아이의 독립 의지는 이해하지만 행동 하나하나가 엄마 눈에는 위태롭고 어설퍼 보인다. 그래서 "네가 한번 해봐" 하고 맡겨두고서도 옆에 서서 이래라저래라 잔소리를 한다. 실수라도 할라치면 기다렸다는 듯 달려가서 아이를 제지한다. "이럴 줄 알았다. 저리 가 있어!" 하고 말이다.

아이가 말을 배울 때, 단번에 '엄마'라는 소리를 할 리 없다. 수십 번, 수백 번 비슷한 소리를 내다가 마침내 제대로 된 "엄마" 소리를 하는 것이다. 말뿐만 아니라 행동도 그렇다. 숟가락을 쥐고 자기 입에 밥을 넣는 것도 아이에게는 아주 많은 연습이 필요하다. 엄마 또한 그랬다. 지금은 눈 감고도 하는 일들이지만 예전에는 누가 봐도 서툴렀다.

아이가 새로운 것을 시도할 때 뒷짐 지고 가만히 지켜보는 것이 아이에게 교육이 된다. 실수의 경험, 실패의 경험이 아이를 성장시킨다. 그 옆에서 "그만!" 하고 소리칠 게 아니라 아이가 겁먹지 않고 다시 도전할 수 있도록 용기를 북돋워 주는 것, 그것이 아이에게 가장 큰 도움이다.

"그런데 아이가 아무것도 안 하려고 하면 어떡해요? 책 보면, 이 시기의 애들은 뭐든 자기가 하겠다고 난리라던데 우리 애는 그 반대예요. 이 닦으라고 칫솔을 손에 쥐어주면 변기에 넣어버리고, 세수하라고 했더니 물장난만 치고요. 엄마한테 불만이 있어서 그런가, 귀찮은 건가 도통 모르겠어요."

유아 발달 지표나 육아 지침서가 많지만 그것들이 내 아이와 딱 맞아떨어지지는 않는다. 대개의 아이가 그렇다는 것이지 모든 아이가 그렇다는 말은 아니기 때문이다.

대개의 아이가 그렇다 하더라도, 내 아이가 그렇지 않으면 아닌 것이다. 내 아이의 특성이 먼저다. 독립심과 자립심이 생겨나는 시기라고 해서 내 아이도 그 시기에 똑같은 과정을 거치지는 않는다. 하지만 대개의 아이가 그럴 때 내 아이가 그렇지 않다면 부모의 관심이 좀 더 필요하다. 아이가 "내가 할래" 하고 먼저 말하지 못한다면 부모가 그런 기회를 만들어줘야 한다.

예를 들어 아이에게 "네 장난감이니까 네가 치워"라고 말하면 아이는 안 한다고 말할지도 모른다. 이때는 지시하는 말투가 아니라 도움을 요청하는 방식이 바람직하다.

"우리, 같이 장난감 치울까? 엄마가 블록 정리할 동안 네가 볼풀공을 바구니에 담아줬으면 좋겠어. 자, 이렇게 하는 거야."

엄마가 볼풀공을 바구니에 담는 모습을 보여준다. 그러면서 "어때, 할 수 있겠지? 하나, 둘, 셋, 넷…." 볼풀공을 세면서 바구니에 담고 있으면 아이도 흥미를 가질 것이다.

"바구니에 공을 퐁당 넣으니까 재미있네. 이거 네 장난감이고 정리하는 것도 네 몫인데, 만약 네가 정리하지 못한다면 엄마가 다 할게. 엄마가 다 해도 괜찮겠어?" 하고 묻는다. 장난감 정리하는 것이 심부름이 아니라 재미난 놀이라는 생각을 갖게 한다.

집안일도 도움을 요청할 수 있다.

"오늘 분리수거하는 날인데, 네가 플라스틱을 이쪽 상자에 넣어줄래? 엄마 혼자서 하려면 힘이 들어서 네가 도와주면 좋겠어. 분리수거 다 하고 맛있는 팬케이크 만들어서 먹자."

그런 다음 플라스틱이 무엇인지 알려주고 분리수거를 하도록 한다. 엄마도 옆에서 함께 분리수거를 하며 제대로 하고 있는지 지켜본다. 아이가 잘못했다고 해도 중간에 "안 돼!" 하고 바로잡아 주어서는 안 된다. 일단 아이가 제 몫을 다 끝낼 때까지 지켜본다.

아이가 끝마치면 하이파이브를 한 다음 아무렇지도 않은 듯이, "어? 플라스틱 사이에 비닐이 하나 들어가 있었네. 비닐은 엄마가 분리수거할게" 하고 꺼내면서 아이에게 보여준다. 실수 정도는 아무것도 아니라는 것을 알려주는 것이다. 집안일을 아이가 해낸 다음에는 고마움을 표현한다.

"네가 도와준 덕분에 엄마가 훨씬 편해졌어. 정말 고마워."

고마움은 과장해서 표현해도 나쁘지 않다. 아이는 가족이 자기 때문에 행복해하는 모습을 보면서 보람을 느낄 것이다. 분리수거가 아이의 기억 속에 기분 좋은 경험으로 남는다면, 다음에 엄마가 "분리수거하는 것 좀 도와줄래?"라고 했을 때 선뜻 나서서 도와줄 것이다.

내 아이가 혼자서도 척척 잘하는 독립심 강한 아이로 자라길 바란다면, 엄마는 뒷짐을 져야 한다. 아이는 실수할 수 있고 실패할 수 있다는 것을 엄마가 먼저 인정해야 한다.

환경이나 상황에 따라 적응하는 힘이 필요하다

"아이를 데리고 키즈카페에 갔는데, 제 옷을 붙들고 서서 안 떨어지더라고요. 30분만 놀라고 하고 간신히 떼어놓긴 했는데, 놀기는커녕 구석에 앉아서 다른 애들 한 번 쳐다보고 엄마 한 번 쳐다보고 하며 안절부절못하는 거예요. 다른 애들은 트램펄린에서 뛰고, 볼풀에 들어가서 휘젓고 다니는데 우리 애는 엄마 없이는 아무것도 못 해서 속상해요."

적응력이 떨어지면 독립이 어려워지는 것은 당연하다. 이 시기에는 아이를 어느 환경에 갖다놓든 잘 적응할 수 있어야 한다. 놀이터든 키즈카페든 어린이집이든, 또래 아이들과 문제없이 어울려서 놀아야 한다. 이때 아이의 사회성과 적응 능력이 드러난다.

개중에는 어울리지 못하는 것이 아니라 어울리기까지 시간이 많이 필요한 아이가 있을 수 있다. 그것은 단지 상황이 낯설어서 그런 것뿐이니 걱정하지 않아도 된다. 반복해서 비슷한 상황을 경험하다 보면 적응해 갈 수 있다.

내가 아이들과 함께 독서캠프, 리더십캠프, 여름캠프 등 다양한 이름으로 캠프를 진행하는 것도 독립심과 사회성을 키워주기 위해서다. 부모와 떨어져 있을 때 아이들은 급속도로 성장한다.

새로운 환경에 잘 적응해서 친구들과 어울리는 아이는 자존감도 높다. 혼자 잘하는 아이는 주변 사람들에게 칭찬받는 일도 많고, 또래의 친구들도 그런 아이를 잘 따르기 때문이다.

갑작스러운 상황에 대처하는 능력도 그렇다. 물컵이 쓰러져 바닥에 물이 흥건할 때, 또래 아이들은 소리를 지르며 도망가지만 자립심이 있는 아이는 걸레를 가져와서 물을 닦는다.

"시키지 않아도, 아이 혼자 척척 잘해서 좋으시겠어요!" 하고 부러워할 필요 없다. 상황에 따른 대응 능력은 학습으로 만들어진다. 똑같은 상황에서 엄마로부터 "발에 물 묻으니까 저리 가 있어" 하고 교육받은 아이는 멀찌감치 떨어져 있을 것이고, "물이 엎질러졌으니 걸레로 닦아야겠네" 하고 교육받은 아이는 걸레를 찾으러 가는 것이다. 이러한 경험이 축적되면 아이는 필요한 상황에서 경험을 꺼내 쓴다.

자립심을 키우는 데는 인형 놀이도 도움이 된다. 동생이 있다면 굳이 필요 없겠지만, 그렇지 않을 때는 아기만한 인형을 동생처럼 대하는 인형 놀이를 통해 자립심을 키울 수 있다.

먼저 엄마가 상황을 제시한다.

"아기가 우네. 왜 그런 거지?"

그러면 아이는 상상력을 발휘해서 대답한 뒤 그에 맞는 행동을 할 것이다.

"아기가 배가 고픈가 봐. 우유를 줘야 해."

아이는 인형을 가지고 역할 놀이를 하면서 한 단계 성장해 간다. 아이의 안 좋은 행동을 교정할 때도 인형 놀이가 도움이 된다.

"아기가 방안 가득 장난감을 어질러놓았어. 어제 엄마가 치워줬는데 오늘도 또 그러네. 엄마가 날마다 치워줄 수도 없고, 어떡하지? 장난감 정리하라고, 네가 아기에게 말 좀 해줄래?"

아이의 행동을 인형에 대입해서 말하면, 아이는 스스로 해결 방안을 제시하고 교정해 갈 것이다. 어쩌면 변명을 늘어놓을지도 모른다.

"아기가 깜박했대. 그런데 다음에는 정리한다고 했어. 나랑 약속했어."

변명을 하더라도, 어쨌거나 아이 스스로 해결 방법을 찾았다면 칭찬해 줘야 한다.

"아기랑 약속하고 왔어? 아기가 네 말을 잘 듣는구나. 고마워, 네가 도와준 덕분에 방안이 깨끗해지겠다. 아기에게도 고맙다고 말해줘."

자립심이 부족한 아이 때문에 고민인 집도 있는 반면 지나치게 자립심이 강해서 고민인 집도 있다.

"아이가 저를 무시하는 것 같기도 하고 싫어하는 것 같기도 하고…. 놀이터에서 놀 때 그네를 밀어주려고 하면 그냥 내려와 버려요. 혼자서는 못 타니까 도와주려고 그런 건데 말이에요. 옷 입을 때도 제가 골라준 건 쳐다보지도 않고, 밥 위에 고기를 올려놔 주면 꺼내서 제 밥그릇에 다시 넣어요. 이 정도면 독립심을 넘어서서 반항심 아닌가요?"

이런 경우 독립심이나 반항심을 운운하기 전에 '애정 결핍'을 의심해 봐야 한다.

불완전 애착인 상태에서 아이를 다른 방에 혼자 재웠다거나, 아이가 무언가를 원할 때 무시했다면 아이는 부모와의 관계에서 믿음을 갖지 못한다. 아이가 아직 준비되지 않은 상태에서, 아이가 도움을 요청했을 때 "안 돼, 네가 해"라고 교육했다면, 아이는 부모에게 사랑받지 못한다고 느낀다. 또 스킨십이 부족한 것도 원인이 된다.

관심과 스킨십으로 차근차근 극복해 나가는 것이 좋지만, 만약 상태가 염려된다면 한 번쯤 전문가에게 진단을 받아보길 권한다.

쉬운 것부터, 가까운 것부터

"이제 40개월 된 남자아이인데 할머니 손에 자라서 그런지 어리광이 심해요. 자기가 할 수 있는 것도 다른 사람에게 해달라고 하고. 아무것도 할 줄 아는 게 없으니 뭐부터 가르쳐야 할지 모르겠어요."

할머니 할아버지의 과잉보호가 아이의 독립심에 걸림돌이 될 때가 있다. 이 때문에 시댁과의 갈등이 시작되기도 한다. 조심스럽지만 분명하게 어른들께 말씀드리고 협조를 부탁해야 나중에 원망이 안 생긴다.

자립의 첫걸음은 옷 입기, 대소변 처리하기, 손 씻기를 혼자서 하는 것이다.

"밖에서 놀다 왔으니 손부터 씻고 오렴" 하고 말했을 때 아이가 "왜 그래야 해요?"라고 물으며 벌렁 드러누울 수도 있다. 엄마가 보기에는 하기 싫어서 꾀를 부리는 것 같지만 아이는 진짜로 그걸 왜 해야 하는지 몰라서 그럴 수 있다. 밖에서 놀다 와서 피곤한데, 그러면 편히 쉬어야지 왜 손을 씻으라는 건지 아이 입장에서는 이해가 안 될 수 있다.

그럴 때는 "하라면 해!" 하고 윽박지를 게 아니라 아이를 이해시키고 설득해야 한다.

"손에 벌레가 묻어왔을 수도 있거든. 그 벌레가 입으로 들어가면 배가 아파. 그러면 병원에 가서 주사를 맞아야 할지도 모르고. 만약 네가 주사를 맞고 싶다면 손을 안 씻어도 돼. 하지만 주사를 맞는 것보다는 손을 씻는 게 낫지 않을까?"

이해를 하고 있지만 게으름을 피우는 것이라면, 아이가 해야 할 일의 범위를 정한 다음 스스로 순서를 정하도록 하는 것도 효과적이다.

"손 씻기, 옷 갈아입기, 이 둘 중 어느 것을 먼저 할래?"

선택의 범위를 정해주면 아이는 둘 중 하나를 선택한다. 선택한 것을 먼저, 그리고 나머지 일을 순서대로 하면 된다.

3

칭찬과 습관의 관계 법칙

36개월 이전의 아이는 몇 번 보거나 들은 것을 쉽게 익히고 그대로 따라 하는 특징이 있다. 그러나 37개월 이후부터는 반복하지 않으면 습득이 잘 안 된다. 그래서 습관이 중요하다. 습관은 같은 행동이나 말을 반복하는 가운데 만들어지며, 한번 익은 습관을 고치려면 많은 시간이 필요하다. '세 살 버릇 여든 간다'라는 말처럼, 좋은 습관도 나쁜 습관도 평생 간다.

습관은 단순히 아이의 행동에만 영향을 끼치는 것은 아니다. 두뇌 발달과 건강, 발육, 사회성과 도덕성 등 다양한 면에서 중요하다. 밥을 꼭꼭 씹는 것, 편식하지 않는 것도 습관이며 어른들을 만났을 때 먼저 인사하는 것도 습관이다. 친구들에게 친절하게 말하는 것도 습관이고 휴지를 휴지통에 버리는 것도 습관이다. 우리가 미처 '습관'이라고 생각하지 않는 많은 것이 사실은 오랫동안 반복해서 만들어진 습관이다.

좋은 습관이야 많을수록 좋지만, 안 좋은 습관은 한두 가지만 가지고 있어도 문제가 된다. 초등학교에 가보면 손톱을 물어뜯거나 턱을 괴고 수업을 듣는 아이들을 종종 본다. 손톱을 물어뜯는 것은 위생상의 문제도 있지만 치아와 구강의 변형을 가져올 수 있으므로 안 좋은 습관이다. 턱을 괴면 성장기인 아이의 턱뼈가 밀리면서 한쪽만 길게 자라 결국 턱이 돌아가게 된다. 이러한 안 좋은 습관은 조기에 바로잡아 나쁜 결과가 생기지 않도록 해야 한다.

그렇다면 습관 교정은 어떻게 해야 할까?

옛 어른들은 '호되게 야단을 쳐야 무서워서 당장 고친다'라고 하며 무조건 야단치거나 때렸다. 그러나 그것은 잘못된 정보다. 나쁜 습관 때문에 무섭게 야단치고 때리기까지 한다면 아이는 그 습관을 그만두는 것이 아니라 오히려 집착한다. 그래서 혹시나 자신이 나쁜 습관을 반복할까 봐 불안해하거나 안 보는 곳에서 반복한다. '하지 말아야지, 하지 말아야지' 반복하고 되뇌는 것이 그 습관을 강화하는 역효과를 가져오는 것이다.

습관을 교정하는 가장 좋은 방법은, 나쁜 습관을 고쳐주려고 애쓰는 것이 아니라 좋은 습관을 칭찬하는 것이다. 나쁜 습관을 지적할 때는 짧고 간단하게, 좋은 습관은 두고두고 칭찬하면서 그에 따른 보상을 해준다면 저절로 좋은 습관이 만들어질 것이다.

습관을 만들기에 가장 좋은 것은 생활계획표다

습관을 만들려면 규칙적인 반복이 필요한데, 그러기에는 생활계획표만한 것이 없다.

생활계획표를 만들 때, 잠자는 시간과 밥 먹는 시간을 제외한 나머지는 아이와 충분히 상의하고 결정해야 한다. 엄마가 일방적으로 생활계획표를 만들어버리면 아이는 그것을 자기 것이 아니라고 생각한다. 그러므로 스스로 규칙을 정하고 지키도록 한다.

생활계획표를 만드는 형식은 크게 두 가지가 있다.

첫 번째는 흔히 알고 있는 원형 계획표로, 24시간을 표시하고 시간별로 일과를 나누는 형식이다. 이것은 하루 일과를 한눈에 볼 수 있다는 장점이 있다.

원형 생활계획표를 만들 때는 시간을 세분화하기보다 일과를 뭉뚱그려서 잡는 것이 좋다. 예를 들어 아침에 일어나서 세수하고,

양치하고, 옷 입고, 아침 먹는 시간을 2시간 정도 잡은 뒤 '하루 준비하고 아침 먹기'라고 쓰는 식이다. 만약 1시간 30분에 이 모든 것을 마쳤다면 나머지 30분은 아이가 원하는 것을 할 수 있는 자유 시간으로 준다.

이렇게 만들면 아이는 생활계획표를 안 지키려고 떼를 쓰는 것이 아니라 자유 시간을 얻기 위해 열심히 지킬 것이다. 그것이 생활계획표를 잘 지킨 것에 대한 보상인 것처럼 말이다.

두 번째 형식은, 하루에 해야 할 일을 체크리스트로 만드는 것이다. '시간'이 아니라 '해야 할 일'이 중심이기 때문에 시간에 대한 개념이 없는 아이들에게 유용하다.

아침 이 닦기, 아침 세수하기, 아침 먹기…. 이런 식으로 하루에 반드시 해야 할 것을 체크리스트로 만든다. 그리고 한 가지 일을 마칠 때마다 체크리스트에 색칠을 하거나 동그라미 표시를 한다. A4 용지에 일주일 혹은 한 달 단위로 만들어서 어느 날 무엇을 빼먹고 약속을 안 지켰는지 한눈에 보도록 하면 아이 스스로 자신을 평가할 수 있다.

여기에 더욱 효과를 높일 수 있는 비장의 무기가 있다. '칭찬 스티커'다. 일상에서 아이가 가장 싫어하는 것을 세 개 정도 손꼽아서 적어놓고, 그것을 할 때마다 칭찬 스티커를 준다. 30개를 다 채우면 아이가 좋아하는 장난감을 사준다거나 신나는 곳으로 외출을 하는 등 보상을 하는 것이다. 보상이 좋기도 하겠지만 사실 아이들은 스티커를 하나하나 붙여나가는 데 더 큰 재미를 느낀다.

생활계획표 속 일과를 기호로 정해서 표시해도 재미있다. 예를 들어 계획표 안에 '이·세·아'라고 쓰거나 '245'라고 쓰고 그것을 '이 닦기, 세수하기, 아침 먹기'라고 서로 약속하는 것이다. 아이와 엄마가 정한 암호처럼 사용하면 아이의 창의력과 이해력이 좋아지며 생활계획표를 지켜나가는 재미는 덤으로 얻게 된다. 아이와 같이 사용하는 암호가 많아질수록 엄마와의 친밀감도 높아진다.

어떤 형식으로 만들든, 생활계획표를 만들고 난 이후에 해야 할 일이 있다. 지금 무엇을 해야 하는지 그리고 그다음에는 무엇을 할 것인지, 엄마가 그때그때 말해준다. 그리고 아이에게 그것을 따라서 말하도록 한다. 자기가 입으로 말하고 귀로 들은 것은 잘 잊어버리지 않으며, 그 말에 대한 책임감을 갖기 때문이다.

일상을 구호로 만든다

반복되는 일을 싫어하거나 게으른 아이에게 가장 좋은 것은 구호다. 구호는 무의식적인 반응이다. 아이들을 일렬로 세운 다음 선생님이 "오리" 하고 외치면 아이들이 일제히 "꽥꽥" 하고 대답한다. 이것이 구호다. 2002년 서울월드컵 때 한 사람이 "대한민국"을 외치면 사람들은 일제히 박자에 맞춰 박수를 쳤다. 이것도 구호다. 머릿속에 항상 생각하고 다니는 것도 아닌데, 무의식적으로 반응하는 것이다.

아이의 일상을 이와 같이 구호로 만들면 행동력이 높아진다. 구호는 엄마가 선창하고 아이가 후창하면서 실행하는 형식으로 만든다.

(선창) **밥을 먹을 때는** / (후창) **제자리에 앉아요**

(선창) **형아는 아기를** / (후창) **때리면 안 돼요**

(선창) **친구를 만나면** / (후창) **친구야, 안녕**

(선창) **잠자기 전에는** / (후창) **이를 꼭 닦아요**

(선창) **잘했구나, 칭찬하면** / (후창) **고맙습니다**

이런 식으로 규칙을 구호로 만들어 일상에서 반복하면 쉽게 습관이 만들어진다. 37~48개월 정도면 100여 개의 구호를 만들어서 사용하는 것이 좋다.

구호는 아니지만, 습관을 만들어주는 음악도 있다. 학교에서 수업 시작을 알리는 종이 울리면 학생들은 후닥닥 제자리로 돌아가 책을 펼친다. 신호등에서 곧 빨간불로 바뀐다는 경고음이 울리면 횡단보도를 건너는 발걸음이 빨라진다. 누군가 무엇을 해야 할지 말하지 않아도 음악을 통해 그렇게 학습된 것이다.

음악은 말소리와 달리 사람의 마음을 거부감 없이 움직인다. 그러므로 아침에 못 일어나는 아이를 깨우느라 스트레스 받지 말고 기상 음악을 틀자. 기상 음악은 아이와 미리 약속한 것으로, 취향에 따라 클래식이나 동요, 팝 등으로 미리 정한다. 음악을 틀어놓고, 아이 옆에 누워 간지럼을 태우거나 다독거리면 아이는 짜증내지 않고 일어난다.

이를 닦을 때도 마찬가지다. 핑크퐁의 '치카송'은 2분 남짓 길이로, 틀어놓고 이를 닦기 딱 좋다. 이밖에도 몇 가지 음악을 정한 뒤 규칙적으로 사용하다 보면 자연스럽게 습관이 만들어진다.

규칙을 정할 때는 부모가 일방적으로 정해주는 것이 아니라 아이가 능동적으로 참여해서 정해야 한다. 자기가 정하고, 노력하고, 취득하고, 지켜나가야 비로소 자기의 것이 된다.

이 시기에는 훈육을 해도 애착이 깨지지 않는다

'칭찬이야말로 가장 좋은 약'이라는 말에는 동의하지만, 훈육 없이 무조건 칭찬만 한다면 사회성과 도덕성 약화는 물론 가치관 혼란도 겪게 된다. 그리고 오히려 시의적절한 훈육이 아이의 의식을 건강하게 만든다.

훈육은 36개월 이전부터 시작해야 하는데, 월령에 따라 방식이 조금씩 달라진다. 애착이 잘 형성되어 있다면 37개월부터는 훈육의 강도를 높여도 괜찮다. 엄마와 아빠가 자신을 사랑하기 때문에 훈육한다고 믿으므로, 애착이 깨질 염려가 없다.

훈육을 할 때는 '되는 것'과 '안 되는 것'에 대한 선을 명확히 하고, 되는 것은 격려하고 안 되는 것은 제지한다. 예외를 만들어서는 안 된다.

"원래는 안 되지만, 지난번에 엄마 말을 잘 들었으니까 이번에는 용서해 줄게"라든가 "엄마가 기분 좋으니까 한번 봐준다"라는 식으로 규칙이 오락가락하면 아이는 혼란에 빠진다. 잘못한 일은 야단치고 잘한 일은 칭찬하는 것이 원칙이며 반드시 지켜야 한다.

내가 어렸을 때 어른들은 "말 안 들으면 망태 할아버지가 잡아간다"라는 말을 했다. 본 적도 없는 망태 할아버지의 어감과 존재감이 공포스러웠던 걸까, 대개의 아이들은 울다가도 뚝 그치고 엄마 품으로 파고들었다. 그 모습을 보고 어른들은 '떼쟁이 특효약'이라도 되는 듯 시도 때도 없이 망태 할아버지를 불렀다.

그러나 공포심을 통해 얻은 효과는 순간적인 위기를 모면하는 임시방편일 뿐 근본적인 해결책이 되지 않는다. 망태 할아버지가 존재하지 않는다는 사실을 아이가 안 다음에는 아무 소용이 없어지는 것이다.

귀신이든 무시무시한 괴물이든, 공포심으로 아이를 억압하면 안 된다. 그것은 훈육이 아니라 정서적인 학대가 될 수 있다. 아이에 따라서는 그것이 감당하기 힘든 엄청난 공포가 되어 놀이장애, 언어장애, 실수에 대한 과잉 반응, 히스테리, 강박으로 나타나기도 한다. 엄포와 공포가 아니라 아이가 이해할 수 있는 말로 설명하고, 안 되면 좀 더 엄격하게 행동을 규제하는 것이 좋다.

"너 혼나 볼래?", "맞고 싶어?" 등도 공포심을 불러일으키는 말이다. 그리고 실제로 아이에게 회초리로 체벌을 하는 부모도 있다. 손바닥으로 아이의 등을 내리치는 엄마도 종종 볼 수 있다.

하지만 이 시기에 체벌은 바람직하지 않다. 규칙을 다시 한번 알려주고 벌을 세우는 편이 낫다.

"동생 때리면 손 들고 30까지 세기로 약속했지? 지금부터 손 들고 서서 큰 소리로 숫자 세."

만약 이때 벌을 안 서겠다고 떼를 쓰면 보다 강력한 벌로 대응한다.

"네가 정한 약속을 안 지키겠다고? 그렇다면 엄마도 놀이동산 가기로 한 약속을 지킬 수 없어. 케이크 먹기로 한 약속도 그리고 다른 약속도."

아이는 자신이 잃을 것이 많다는 것을 알기에, 어쩔 수 없이 규칙을 지킬 것이다. 규칙을 지키지 않았을 때 어떤 결과가 오는지, 아이가 깨달아야 한다.

훈육할 때 삼가야 할 것이 잔소리다. 한 얘기 또 하고, 한 얘기 또 하고…. 그러면 아이는 귀를 닫아버리므로 훈육이 되지 않는다. 잔소리, 쓴소리는 가능한 짧게 하는 것이 원칙이다. 그리고 핀잔하거나 비아냥거려서도 안 된다. 엄마의 언어 습관이 아이에게 그대로 전달된다. 언어 습관은 의식과 가치관에도 영향을 미치므로 '아이 앞에서는 찬물도 못 마신다'라는 생각으로 조심한다.

한 가지 더! 빈말로 칭찬하는 것도 안 된다. 칭찬이 가장 훌륭한 교육이라고는 하지만, 요즘 흔히 말하는 '영혼 없는 칭찬'은 오히려 역효과가 난다. 잘한 것도 없는데 엄마가 칭찬을 하면, 아이는 앞으로 엄마가 어떤 칭찬을 하든 믿지 않을 것이다. 잘못했을 때 훈육을 하는 것처럼, 칭찬은 잘했을 때만 하는 것이다. 이유 없는 훈육과 칭찬을 하고 있지는 않은지, 되돌아볼 필요가 있다.

"소장님, 아이가 습관적으로 거짓말을 해요. 뻔히 다 알고 있는데도 거짓말로 그 순간만 모면하려고 하니까 화가 나요. 회초리를 들어서라도 다음부터는 거짓말을 하지 않도록 하고 싶은데, 그래도 될까요? 혹시라도 아이가 상처받을까 봐 걱정이라서요."

엄마들이 훈육에 앞서 가장 염려하는 점이 바로 그것이다. 훈육을 슬렁슬렁하면 똑같은 일이 반복될 것 같고, 호되게 하면 마음에 상처를 받고 오히려 역효과가 날까 봐 이래저래 걱정이다.

그러나 '왜 훈육을 하는가'에 대한 개념만 확실하다면 크게 걱정하지 않아도 된다. 훈육은 아이를 야단치기 위한 것이 아니라, 아이가 사회에서 정상적이고 행복하게 살아가도록 하기 위한 것이다. 엄마의 마음에 흡족한 '착한' 아이가 아니라, 사람들과 어울려 건강한 사회구성원으로서 홀로 설 수 있도록 돕기 위한 일이다.

그렇지만 훈육은 아이에게나 부모에게나 분명 즐거운 일은 아니다. 아빠와 엄마가 아이 훈육을 서로에게 미루는 이유가 그 때문이다. 재미있고 기분 좋은 일은 자기가 하고 싶고, 속상하고 불편한 일은 하고 싶지 않은 게 모두의 마음이다. 그러나 부모라면, 부모이기에, 부모니까 훈육을 해야 한다. 훈육까지가 부모의 역할이다.

아이가 습관적으로 거짓말을 한다면 꼬치꼬치 추궁하면서 궁지로 몰지 말고, 왜 그러는지 이유를 알아본다. 그리고 거짓말로 순간적인 위기를 벗어날 수는 있겠지만 근본적인 문제는 해결되지 않으며, 주변 사람들이 거짓말을 알아차리면 결국은 다 떠나갈 것이라는 사실을 말해준다.

간혹 상상력이 지나치게 좋은 아이 중에 거짓말을 하는 아이가 있다. 나쁜 의도가 있는 것이 아니라 아이의 머릿속에서 상상이 현실화되는 것이다. 하지만 상상 속에 빠져 거짓말이 점점 심해질 수 있으므로, 거짓말을 하면 안 되는 이유를 설명해 준다. 아이의 상상을 다른 사람들이 어떻게 여길지 객관적으로 말해준다.

4

후천적인 뇌를 깨운다

생후 36개월까지가 뇌의 크기를 만드는 시기라면, 37개월 이후부터는 뇌의 크기가 커진 만큼 더 채워줘야 한다. 기존에 해오던 것보다 난이도가 높은 일을 해냈을 때나 어려운 것을 배웠을 때 아이의 성취감이 높아진다.

"아직 어린데 여기까지는 어렵지 않을까요?" 이런 걱정으로 늘 똑같은 놀이를 반복한다면 아이는 일상에 흥미를 잃는다. 아이에게는 기분 좋은 자극이 필요하다.

어려운 일을 해결하기 위해 집중하다가 마침내 그 일을 해냈을 때 뇌에서 도파민이 분비된다. 도파민은 기분을 좋게 만드는 신경

전달물질로, 도파민이 잘 분비되면 의욕과 흥미가 생기고 성취감도 높아진다. 이것이 선순환이다. 반면 일상에 의욕과 흥미가 없으면 도파민 분비도 안 되고, 기분 좋을 일도 없다. 기분이 안 좋으니 도파민이 분비되지 않고…. 이것이 악순환이다.

아이가 행복하게 잘 자랐으면 좋겠다는 바람을 실현하고 싶다면, 아이에게 조금 어렵지 않을까 싶은 일에 도전할 수 있는 기회를 만들어준다.

단, 주의할 것이 있다. 아이의 능력을 고려하지 않은 무리한 도전은 오히려 좌절감을 줄 수 있다. 아이 교육에 앞서 성별, 성격, 성향 등을 충분히 고민해야 한다.

남자아이의 뇌는 공간지각력이 뛰어나고 여자아이의 뇌는 언어능력과 공감능력이 뛰어난 것으로 알려져 있다. 공간지각력은 시각과 연결이 되고 언어능력은 청각과 관련이 있다. 다시 말해 남자는 눈으로 정보를 받아들이고, 여자는 귀로 정보를 받아들인다. 그래서 똑같은 환경에서 똑같은 상황이 주어져도 남자아이와 여자아이는 서로 다른 것을 기억하고 받아들인다. 이렇듯 서로 다른 특성을 이해해야 교육 방법과 방향을 정할 수 있다.

서점에 나가보면 아들 육아법에 관한 책들이 많이 나와 있다. 딸 육아법 책은 없는데 왜, 아들 육아법은 따로 공부해야 하는 것일까? 아들 키우기가 그만큼 더 어렵다는 소리인가? 이런 궁금증이 생기지만 그런 것은 아니다. 남자인 아들과 여자인 엄마 사이의 소통·표현 방식이 달라서 생기는 문제다. 엄마가 아들 키우기 힘든 것처럼 아빠는 딸 키우기가 힘들다.

내향적인 아이와 외향적인 아이, 생각보다 행동이 앞서는 아이와 충분히 생각을 정리한 다음 행동하는 아이…. 내 아이는 어떤 특징을 가지고 있는지 먼저 알고 있어야 한다.

감각이 살아 있는 엄마가 아이를 잘 키운다

뇌는 쓰면 쓸수록 좋아지고 안 쓰면 안 쓸수록 나빠진다. 아이의 후천적인 뇌를 깨우기 위해서는 아이가 뇌를 쓸 수 있도록 도와야 한다. 이 시기에는 엄마의 언어 습관이 아이에게 도움이 된다. 아이와 대화할 때 직접적인 말보다는 심리적, 추상적인 단어를 사용하고 꾸밈말인 형용사와 부사를 적절하게 섞어서 사용한다.

그러기 위해서는 엄마가 먼저 오감을 깨워야 한다. 엄마가 잘 웃고, 잘 울고, 잘 화내고, 잘 공감하고, 잘 놀고, 잘 표현해야 아이도 엄마를 보면서 배운다.

"해님은 창문을 어떻게 만질까? 바람은 창문을 어떻게 만질까? 손가락으로 한번 표현해 볼까?"

"봄이 왔어요. 흠, 봄은 어떤 향기가 날까요?"

"네가 우니까 엄마 마음에 비가 내려. 마음이 다 젖어서 기운이 없네."

"차가운 물이 필요해. 엄마 머리에 불이 붙은 것 같아."

비유하는 말이 아이의 상상력을 자극하며 어휘력을 풍부하게 만든다. 알고 있는 단어가 많아야 표현도 잘한다. 특히 자기 마음 상태를 표현할 수 있는 말들을 아이에게 알려줘야 한다. 그래야 아이의 감정까지 보살필 수 있다.

부모들은 대개 아이의 행동에는 관심이 많지만 감정에는 그다지 관심이 없어 보인다. 그래서 아이와 대화할 때 있었던 사건이나 드러나는 현상에 대해서만 묻는다.

예를 들어 아이 방에서 와장창 소리가 나서 가보니 장난감 자동차가 부서져 있다고 가정해 보자. 조금 전에 아이는 엄마한테 야단을 맞았고 씩씩거리면서 방으로 들어갔다.

이때 엄마는 눈을 흘기며 "이거 누가 이랬어?" 하고 묻거나, "어쩌다가 부서진 거야?" 하고 묻는다. 그것은 이미 답이 정해진 질문이다. "너지? 네가 던졌지?" 하고 대놓고 물어도 될 일을, 마치 아이에게 자수할 기회를 주는 듯이 말이다. 그리고는 아이가 이실직고할 때까지 팔짱을 끼고 서있는다.

그 순간 엄마의 눈에는 부서진 장난감만 보이고 아이의 감정은 안 보인다. 엄마 또한 화가 나있기 때문이다. 그 모습은 마치 화가 난 다섯 살 아이와 화가 난 30대 아이가 서로 신경전을 벌이는 것처럼 보인다. 엄마답지도, 어른답지도 않다.

천천히 아이의 감정을 살펴보자.

아이는 감정을 자동차에게 퍼붓고 나서 마음이 편해졌을까? 와장창 큰 소리가 나면서 자동차가 부서지고, 엄마가 달려와서 눈을 흘기고 있다면 아이의 감정은 어떨까? 이 순간 아이가 엄마에게 가장 듣고 싶은 말은 무엇일까?

"많이 속상했구나", "자동차를 던지고 싶을 만큼 화가 났구나" 하고 아이의 마음을 헤아리는 말을 듣고 싶지 않을까? 신기하게도, 누군가 자신의 감정을 공감해 주면 금세 그 감정이 수그러든다.

그런데 엄마가 자기를 봐주지 않고 장난감만 바라본다거나 아이의 행동에 대해 묻는다면 아이는 반성은커녕 변명거리를 찾게 된다. 왜냐하면 장난감이 망가지는 순간 아이는 자신이 잘못했음을 깨달았기 때문이다.

아이가 잘못을 인정하고 반성할 때 엄마의 반응이 중요하다. 그럴 때 "다음부터 또 그럴래, 안 그럴래?" 하고 추궁하지 말고, 아이 스스로 안 그래야겠다는 생각을 갖도록 한다.

"자동차가 부서져 버렸으니 어떡하지?"

뒷말은 더 하지 않아도 된다. 어떻게 해야 할지는 아이가 더 잘 안다. 장난감이 망가져서 속상한 마당에 잔소리를 쏟아부어 봤자 아이의 귀에는 들리지도 않는다. 대신 몇 시간 뒤, 똑같은 상황에서 어떻게 행동하는 것이 좋을지 아이와 대화를 한다.

"네가 자동차를 던져서 사실 엄마도 조금 놀랐어. 자동차를 던지기 전에, 왜 화가 났고 그때 어떤 기분이었는지 엄마한테 와서 말했더라면 어땠을까? 그러면 자동차도 망가지지 않고 엄마도 너를 도와줄 수 있었을 텐데 말이야."

아이가 자신의 감정을 거리낌 없이 이야기할 수 있을 때 다른 사람의 감정도 헤아릴 수 있다. 자기 감정을 숨기는 아이는 다른 사람의 감정도 외면한다. 감정을 표현하도록 돕는 것이 부모의 역할이다.

할 수 있는 것과 반드시 해야 할 것이 있다

아이들은 성장하면서 많은 일을 스스로 해낸다. 갓 태어났을 때는 먹고, 자고, 배설하는 일밖에 못 하고, 감정 표현이라고 해봐야 울고 웃는 것이 전부였던 것을 생각하면 신기하고 대견한 일이다.

우리나라에서는 0~6세 아이들을 대상으로 시기별 발달 수준을 검사하는 영유아건강검진을 무료로 실시하고 있다. 그 이유는 해당 월령에 '할 수 있는 것'이 얼마나 되는지 살펴봄으로써 아이가 잘 자라고 있는지 알아보기 위해서다. 신체적·정신적 성장과 별개로, 부모가 반드시 도와줘야 할 것도 있다.

'할 수 있는 것'은 아이의 성장과 관련되고, '반드시 해야 할 것'은 부모의 역할과 관련되므로, '반드시 해야 할 것'을 중심으로 알아보자.

37~48개월 아이와 반드시 해야 할 것 베스트 5

✓ 한글은 무조건 뗀다

"글자를 가르치려고 하면 벌러덩 드러누워서 징징거리기 시작해요. 아이가 스트레스를 받는 것 같은데, 꼭 글자 공부를 해야 하나요? 때 되면 저절로 익히지 않을까요?"

37개월부터는 한글을 '놀이가 아니라 학습'이라는 개념으로 가르쳐야 한다. 이 시기의 아이들은 한글을 익히는 속도가 매우 빠르기 때문에 한 글자 한 글자 익힐 때마다 성취감도 크다.

본격적으로 한글을 가르치기 시작해서, 아이가 간단한 문장을 읽고 이해할 수 있도록 한다. 이때 한글을 익히면서 짧은 동화책은 혼자서 읽도록 독서 습관을 만든다.

아이가 동화책을 읽을 때, 책 안에 모르는 단어가 두 개 이상 나오면 그때부터 집중력이 떨어지고 책에 흥미를 잃는다. 그러므로 어휘량이 중요하다. 얼마나 많은 단어를 알고 있느냐에 따라서 학습 속도가 달라진다.

동화책을 읽은 뒤 책의 내용과 느낌을 엄마와 아이가 공유한다. 그리고 아이와 함께 독서 목표 수량을 정해놓고, 그 권수를 다 채우면 상장을 만들어서 준다거나 성대한 가족 파티를 열어 아이의 성취감을 높여주는 것도 좋다.

✓ 유아어가 아닌 정확한 단어를 사용한다

"다른 애들보다 덩치가 커서 나이보다 한두 살 많아 보이는데, 입을 열면 아기처럼 말을 하니까 사람들이 이상하게 쳐다봐요. 그런데 말 습관이 쉽게 안 고쳐지네요. 어떡하지요?"

24개월 전에는 단어를 잘 말할 수 있어야 하고, 25~36개월에는 문장으로 말을 잘해야 한다. 말을 잘하는 능력은 좋은 무기와 같다. 그래서 말을 잘하는 아이는 표현도 잘하고, 학습 능력도 뛰어나고, 칭찬도 많이 듣는다. 그런 것들이 아이의 자존감을 높여 멘탈이 건강한 아이로 성장하는 밑거름이 된다.

아이가 유아어에만 익숙하면 올바른 언어와 정확한 표현을 배울 수 없어 어휘력이 떨어진다. 또한 어른들과 말이 잘 안 통하면 화를 내거나 말수가 줄어들기도 한다. 그러므로 37개월부터는 유아어를 사용하지 않는 것이 좋다.

먼저, 아이의 눈높이에 맞춰 사용하던 유아어를 정확한 단어로 차츰 바꾼다. '맘마'가 아니라 '밥', '쉬'가 아니라 '오줌'이 올바른 표현이다. 두 단어가 같다는 것을 알려준 다음, 엄마가 먼저 바꾸어서 말하면 아이도 자연스럽게 따라 할 것이다.

예를 들어 아이가 "맘마 주세요" 하고 말하면, 엄마가 "밥 달라고? 그래 밥 먹자" 하는 식으로 되받아 주는 것이다.

성별에 따라서도 언어 학습법이 조금 다르다. 청각이 발달한 여자아이에게는 많은 소리를 들려주면서 대화하는 것이 효과적이고, 시각이 발달한 남자아이에게는 글자를 보여주면서 함께 읽기를 반복하는 것이 효과적이다.

✓ 유치원이나 어린이집에 간다

"제가 직장에 다니는 것도 아니고 아이도 하나밖에 없는데, 꼭 어린이집에 보내야 하나요? 교재나 교구를 사서 집에서 가르치면 안 될까요?"

어린이집을 단순히 '아이를 돌볼 사람이 없어서 일시적으로 맡기는 곳'이라고 생각하면 오해다. 현재 어린이집은 나라에서 제정한 표준보육과정이나 누리과정을 기반으로 운영되고 있다. 마치 초등학교에 간 아이들이 교육과정에 따라 수업을 듣고 다양한 활동을 하면서 성장하는 것처럼 그렇게 운영된다. 영양사가 영양 균형을 맞춰 식단을 짜듯, 교육과정도 표준화하여 아이들에게 적용하고 있다.

또 어린이집에서는 단체 생활을 하면서 사회성을 기르고 독립심을 높인다. 다른 사람을 배려하고, 서로 협동하고, 자기 이야기를 여러 사람 앞에서 발표할 수 있는 환경이 자연스럽게 만들어진다. 그리고 엄마와 떨어져서 혼자 지내는 용기도 생긴다. 이러한 것들을 엄마가 혼자 해낼 수 있을까?

아이가 안 가려고 한다, 아직 어리니까 좀 더 있다가 보내도 되지 않겠느냐 하며 차일피일 미루다가는 또래 아이들이 배운 생활습관과 예절을 못 배우거나 늦게 배우게 된다. 어린이집에서 생활하며 선생님들이 보내준 생활관찰일기를 통해 아이의 재능을 알게 되었다는 엄마도 있다. 아이마다 시기의 차이는 있지만, 유치원이나 어린이집은 반드시 가야 한다.

✓ 아이의 방을 만들어준다

"언제부터 아이를 아이 방에서 따로 재워야 하나요? 100일 무렵부터 각방을 썼다는 집도 있던데 우리 애는 겁이 많아서 그런지 무섭다고 했다가 혼자 자겠다고 했다가 오락가락해요. 억지로라도 떼어놔야 하는 건가요?"

아이를 언제부터 따로 재워야 하는지, 딱 정해진 시기는 없다. 아이의 성향에 따라 3개월부터 시도해 볼 수 있지만 만약 아이가 불안해하거나 밤에 자주 깨서 운다면 억지로 떼어놓을 필요는 없다. 오히려 분리 불안이 생길 수 있기 때문이다.

그러나 아이의 침대와 책상, 책꽂이 등이 있는 아이 방은 일찌감치 마련해 주는 것이 좋다. 그리고 그곳이 아이의 공간이며 마음의 준비가 되면 그곳에서 자야 한다는 것을 은연중에 알려준다. 아이의 방은 조용히 쉬면서 생각할 수 있는 자기만의 공간이 되기도 한다. 낮 동안에 들어가서 낮잠을 자거나 놀이를 하는 공간으로 친숙해지다 보면 아이도 크게 거부감이 없을 것이다.

아이가 방에서 따로 자겠다고 마음먹었을 때, 항상 같은 방법으로 '수면 의식'을 한다. 잠재우기 전에 하는 반복적인 행동을 수면 의식이라고 하는데 목욕을 시킨다거나, 배나 등을 문질러 준다거나, 자장가를 불러주는 것이 대표적인 예다. 그러면 아이는 '아, 이제 잠을 잘 시간이구나' 하고 마음의 준비를 한다.

✓ 예절을 알려준다

"평소에는 존댓말을 사용하다가도 자기 기분이 틀어지면 반말을 하거나 함부로 말해요. 특히 돌봐주시는 할머니한테 발길질을 하거나 욕을 해서 당황스러울 때가 있어요."

'아직은 어리니까, 나이 먹으면 나아지겠지'라고 생각하면 오산이다. 예절은 습관에서 비롯된 것이며, 잘못된 습관이 생긴 뒤에는 좀처럼 고쳐지지 않는다. 특히 누군가에게 피해를 주는 행동을 한다면 그것은 빨리 바로잡아야 한다.

미국의 정신의학자 로버트 콜스Robert Coles는 MQ도덕지능의 중요성에 대해 주장했다. 바람직한 행동을 하는 인간으로 성장하기 위해서는 IQ 지능지수나 EQ 감성지수보다 MQ가 더 필요하다는 주장이다.

이에 미국의 교육심리학자 미셸 보바 Michele Borba는 도덕지능을 갖추기 위한 일곱 가지 핵심 덕목을 제시했다.

첫째, 다른 사람의 입장에서 생각해 보는 공감능력

둘째, 옳고 그름을 아는 분별력

셋째, 충동을 조절하여 올바른 생각과 행동을 하는 자제력

넷째, 다른 사람과 동물을 소중히 대하는 존중

다섯째, 타인의 행복에 관심을 갖는 친절함

여섯째, 의견이 다른 사람을 존중하는 관용

일곱째, 정정당당하게 행동하는 공정함

MQ의 중요성이 강조되는 이유는 그것이 공동생활에서 가장 중요한 덕목이기도 하지만, MQ가 낮은 아이는 충동과 욕구 조절 능력이 떨어진다는 연구 결과 때문이다. 반면 MQ가 높은 아이는 자기 스스로에게 좌절감과 분노를 덜 느낀다고 한다.

다른 사람을 위해서, 그리고 아이 자신을 위해서라도 반드시 가르쳐야 하는 것이 예절이다.

| 37~48개월 우리 아이 잘 키우기 핵심 노하우 열네 가지

✓ 엄마에게서 독립하기

37개월 이후에는 아이가 엄마로부터 독립해야 하는 시기다. 그렇지만 아이가 엄마의 옷자락을 붙잡는다고 해서 "애개, 넌 그것도 못 해? 다른 아이들은 혼자서도 잘하는데, 넌 아직도 아기구나?" 하는 식으로 아이에게 창피를 줘서는 안 된다. 아이 스스로 생각하고 선택할 수 있게 응원한다.

✓ 뇌 그릇을 채우기

37개월에서 48개월까지는 아이의 두뇌에 무엇을 얼마만큼 채우는지가 중요한 시기다. 뇌의 그릇은 저절로 채워지지 않으며 학습이 필요하다. 습관과 규칙을 익히고 지식을 쌓아가면서 아이는 훌쩍 성장한다.

✓ 객관적으로 바라보기

아이를 가장 잘 알고 있는 사람이 엄마지만, 반면 가장 모르는 사람 또한 엄마다. 엄마의 눈은 지극히 주관적이라서, 다른 사람들이 다 아는 것을 혼자만 모를 수 있다. 우리 아이가 무엇을 잘하고 무엇을 좋아하는지, 무엇을 어려워하고 싫어하는지 객관적으로 바라봐야 한다. 그리고 아이의 부족한 부분을 엄마가 직접 해주지 말고 아이 스스로 해결할 수 있는 방법을 알려주어야 한다.

✓ '만약'을 연습하기

"만약에 친구가 너를 때리면 어떻게 할 거야?"와 같은 질문을 던져서 아직 일어나지 않았지만 앞으로 일어날지도 모를 일을 예측하는 연습을 한다.

이러한 예측 연습은 간접 체험 효과가 있어서, 실제로 그런 일을 겪게 되었을 때 당황하지 않고 침착하게 대응하는 능력을 키울 수 있다. 실제로 일어날 일이 전혀 없는 '공원에서 변신로봇을 만났을 때'라든가 '나무가 말을 한다면' 등의 가정은 아이의 동화적 상상력을 자극한다.

✓ 정확한 훈육하기

잘하면 보상이 따르고 잘못하면 체벌이 따른다는 것을 정확하게 알려줘야 한다. 이 시기에 정확한 훈육을 해야 도덕성이 발달하고 규칙과 규범을 잘 따르게 된다.

'생각하는 의자'는 훈육에 도움이 된다. 아이가 잘못했을 때 지정한 의자에 앉아 자신이 무엇을 잘못했는지 생각하도록 하는 것이다. 그리고 스스로 잘못을 말하고 반성했을 때 의자에서 벗어날 수 있다. 단, 훈육을 할 때는 "넌 왜 항상 그 모양이니?" 하는 식으로 아이 자체를 비난하면 안 된다. 아이의 잘못된 행동을 지적하고 그것이 왜 잘못되었는지에 대해서 말해야 한다.

✔ 어휘 확장하기

다양한 단어를 사용하면 감정이나 느낌을 보다 명확하게 전달할 수 있다. 그러기 위해서는 사용하는 어휘를 확장해야 한다.

주어와 동사 위주의 문장에 형용사와 부사를 추가하면 아이의 어휘력이 금세 확장된다. 예를 들어 '고양이가 지나갔어'라는 문상에 부사를 넣어, '고양이가 살금살금 / 후다닥 지나갔어'라고 하면 의미나 느낌이 훨씬 잘 전달된다. 아이의 어휘력 향상에는 동화책이 큰 도움이 된다. 형용사와 부사가 많이 쓰인 동화책을 골라 함께 읽으며 아이에게 어휘를 설명해 준다.

✔ 선택의 기회 주기

"엄마 물!" 하고 아이가 물을 달라고 하면 대다수의 엄마들은 상황을 판단해서 더운물이나 찬물을 가져다준다. 그러나 이때 엄마가 판단하지 말고 아이에게 선택하도록 한다.

"찬물 줄까, 더운물 줄까?", "물 많이 줄까, 조금 줄까?" 이처럼 생활 속에서 매 순간 아이가 선택할 수 있는 기회를 만들고 결정하도록 한다. 선택을 위해 생각하고 갈등하는 시간이 성장의 디딤돌이 될 것이다.

✔ 하루 일과 말해주기

오늘의 하루 일과를 아이에게 먼저 얘기해 준다. 물론 생활계획표를 만들어서 규칙적인 생활을 하지만, 세부적인 사항은 날마다 달라질 수 있다. "오늘 놀이 시간에는 집에서 블록 쌓기를 먼저 하고, 그다음 공원에 가서 자전거 타자" 하고 말해주면 아이는 마음의 준비를 할 수 있다.

✓ 하루 일과 정리하기

잠자리에 들기 전, 아이와 함께 그날 하루 동안 한 일을 되짚어 본다. 가능하면 아침에 일어난 순간부터 시간 순서대로 나열하는 것이 좋다. 그리고 내일은 무엇을 할지 미리 계획해 본다. 오늘 읽은 동화책 내용이 무엇이었는지 얘기해 보는 연습도 필요하다.

✓ 암호로 대화하기

엄마와 둘만의 암호를 카드로 만들어놓고 암호로 대화한다. 암호는 그림 형태가 아니라 단순한 기호로 만든다. 예를 들어 동그라미는 '밥 먹자', 별은 '목욕하자', 엑스는 '조용히', 이런 식이다. 처음에는 두세 개로 시작해서 점점 개수를 늘려나가면 아이의 암기력도 좋아지고 암호 해독 능력도 생긴다.

암호가 익숙해지면, 일상에서 사용하는 그림이나 기호를 읽는 법을 알려준다. 남녀 화장실 표시, 화살표가 가리키는 방향, 비상구 등을 알려주면 암호에 익숙한 상태기 때문에 쉽게 이해한다.

✓ 감정을 그림으로 표현하기

크레파스와 색연필을 힘주어 잡다 보면 손가락에 힘이 생겨서 나중에 젓가락질도 쉽게 배우고 글씨도 잘 쓴다. 또한 자신의 감정을 색과 그림으로 표현하는 연습 역시 중요하다. 감정을 올바르게 표출하는 아이가 정신적으로 건강하다.

✓ 수 세기

1부터 10까지, 하나부터 열까지, 순서를 정확히 알고 읽을 수 있어야 한다. '6'을 보고 "몇이지?" 하고 물었을 때 단번에 "육" 하고 읽을 수 있어야 한다. 그리고 5는 3보다 큰 수이고, 8은 7보다 크고 9보다 작다는 것을 알아야 한다.

✓ 실로폰 치기

실로폰에 도레미파솔라시도 스티커를 붙인 다음 엄마가 부르는 음계를 치는 연습을 한다. 실로폰 치기는 듣고 행동하는 연습과 청음이 동시에 발달하는 좋은 놀이다.

✓ 두 발 모아 뛰기

두 발 모아 뛰는 연습은 별것 아닌 것 같지만, 좌우뇌의 균형 발달에 도움이 된다. 깡충깡충 제자리에서 뛰기, 뛰면서 앞으로 나아가기, 엄마 손 잡고 두 발 모아 계단 올라가기 등을 한다.

놀이를 통해 학습한다

'놀이가 곧 학습'이 되는 시기다. 기존에는 놀이가 주요 목적이었다면 이제부터는 사소한 일상의 놀이를 학습으로 연결하여 아이에게 차근차근 알려주는 것이 중요하다. 아이도 이 시기에는 학습에 흥미를 느낀다.

37~48개월 아이는 평균 200~500개의 단어를 사용하고, 그것보다 훨씬 많은 단어를 이해한다. 평균 30~50까지의 수를 셀 줄 알고 아이에 따라서는 100까지 읽거나 세기도 한다. 그러나 수를 읽는다고 해서 가치에 대한 개념을 아는 것은 아니다. 아이들에게

만 원권 한 장과 천 원권 두 장을 바꾸자고 하면 흔쾌히 그러겠다고 하는 것이 그 때문이다. 이 시기에는 하나보다 둘이 많다는 개념 정도만 알 뿐이다.

부모와 소통이 원활해지면서 궁금한 것도 많다. 일명 '호기심천국' 시기라고 할 수 있다. 37개월에 접어들면서 부쩍 알고 싶은 욕구가 커지고, 무언가를 이해한 다음에 적극적으로 활용하려 한다.

"이게 뭐야?"

"뒤집개야. 맛있는 부침개를 만들 때 쓰는 거지. 가만히 두면 부침개가 타니까 앞뒤로 뒤집어 줘야 하거든."

그렇게 설명해 주면 아이는 뒤집개를 들고 가서 인형도 뒤집고, 색종이도 뒤집고, 리모컨도 뒤집고…. 이것저것 다 뒤집으면서 다닌다. 그러면서 '뒤집다'라는 개념을 알게 된다. 새로운 것을 알았을 때 아이는 만족감과 행복감을 느낀다. 그러므로 아이가 '하고 싶어 하는 것'이 있을 땐 기회를 허락하는 편이 좋다.

외출용 가방 속 놀이 필수품 더하기

아이를 데리고 외출할 때면 이것저것 챙겨야 할 물건이 많아서 정신이 없다. 그래서 일찌감치 준비해도 나갈 시간까지 허둥지둥

빠뜨린 것을 챙겨넣기 바쁘다. 그러고도 외출해서 생각해 보면 '아차, 깜박했네!' 하는 것이 꼭 생긴다. 아이와 외출 때 가방 잘 챙기는 요령이 있을까?

외출용 가방은 늘 준비되어 있어야 한다. 그래야 아기가 아파서 응급실로 달려가야 할 때도 당황하지 않고 나갈 수 있다. 외출용 가방은 외출을 마치고 돌아온 뒤, 사용한 물품을 다시 채운 다음 그대로 보관한다.

외출용 가방에는 아이의 기본 필수품과 엄마의 필수품이 다 들어 있어야 한다. 이때 유용한 것이 지퍼백이다. 지퍼백은 앞뒤가 훤히 보이는 데다가 크기도 다양하기 때문에 아이 물품을 챙기기에 알맞다.

하나의 지퍼백에 한 가지 종류를 넣는 것이 요령이다. 먼저, 아직 기저귀를 사용한다면 일회용 기저귀 두세 개를 지퍼백에 넣은 뒤 공기를 최대한 빼고 잠근다. 여벌 옷과 속옷을 각각 한 개씩 넣는다. 아기용 손수건 두 개, 아기용 마스크 한 개를 한 지퍼백에 넣는다. 물휴지, 여행용 일반 휴지, 위생 비닐 두 개도 하나에 넣는다. 만약 아기가 먹는 약이 있다면 그것도 작은 지퍼백에 따로 넣는다. 하나 더! 색종이, 가위, 풀을 하나의 지퍼백에 넣는다. 여기까지가 아이를 위한 기본 물품이다.

엄마의 물품은 간단한 파우치 하나면 된다. 기본 파우치에는 핸드크림, 거울, 빗, 휴대폰 보조배터리와 연결선을 넣어둔다. 그리고 외출 시 화장을 한 상태라면 추가로 콤팩트와 립스틱을 그 안에 더 넣으면 된다.

필수 용품을 지퍼백으로 구분해 가방에 넣은 뒤, 그대로 옷장에 두었다가 급하게 외출할 때 들고 나가기만 하면 된다.

여기서 눈에 띄는 것은 색종이, 가위, 풀이 든 지퍼백이다. 비교적 가볍고 단순한 문구용품이지만 집중력을 발휘하고 창의력을 높이는 데 매우 유용하다. 종이를 접거나 오릴 때 소근육이 발달하여 두뇌 발달에도 효과가 있다.

색종이로 네모, 세모, 동그라미 오리기, 연필로 밑그림을 그린 뒤 따라서 오리기를 할 수도 있고, 반으로 접어서 오리면 대칭에 대한 개념을 알 수 있다. 오리기 외에 종이를 접어 강아지, 물고기 등을 만들어 인형극을 하거나, 동서남북을 접어 놀이를 하는 것도 아이에게는 재미난 경험이다.

이 밖에도 색종이는 색깔을 공부하기에 좋다. 색을 익힌 다음에는 아이와 연상 게임을 한다.

"이게 무슨 색이게?"

"노란색."

"옳지, 잘 기억하고 있네. 노란색을 보면 기분이 어때?"

아이가 노란색에 어떤 느낌을 갖는지 들어보고 다시 질문한다.

"노란색을 보면 어떤 게 생각나? 병아리? 개나리?"

그다음에는 아이가 노란색과 주변 사물을 연결해서 생각할 수 있는 질문을 던진다. 이때 아이가 "노란색을 보면 짜증이 나요"라든가 "노란색은…. 불자동차가 생각나요"라고 말하더라도 "틀렸어!"라고 해서는 안 된다. 엄마가 생각하는 노란색의 이미지와 아이가 생각하는 것이 다를 수 있다. 그럴 때는 '왜?' 하고 다시 한번 친절하게 물어보고 이유를 들어야 한다. 색이 아니라 그 당시 아이의 기분이 반영된 것일 수도 있기 때문이다.

이처럼 색종이는 37~48개월 아이에게 무궁무진한 흥미와 재미를 일으키는 소재이므로 다양하게 활용해서 놀아줘야 한다.

두뇌가 좋아하는 두뇌 자극 놀이

두뇌는 반복되는 일상보다 새로운 것을 좋아한다. 그리고 조금만 변화를 주어도 새롭다고 느낀다. 아이의 두뇌에 다양한 자극을 주면 두뇌는 경험치를 누적하면서 점점 더 똑똑해진다.

기억력을 높이는 놀이

머릿속에 골목 그리기

아이와 산책을 하고 돌아온 뒤, 산책길에서 무엇을 보았는지 대화한다. 그런 다음 엄마가 종이에 순서대로 적는다. 종이를 3초 동안 아이에게 보여준 뒤 가린다. 무엇 무엇을 보았는지 기억해서 순서대로 말하도록 한다.

장 보기

A4 용지를 열두 조각으로 자른다. 전단지에서 과일, 채소, 음식 사진을 오려 종이에 붙여서 그림 카드를 만든다. 그림 카드를 하나씩 읽으며 뒤집은 뒤 일렬로 늘어놓는다. 카드 뒤 그림이 무엇인지 순서대로 말하도록 한다.

퍼즐 맞추기

아이에게 그림을 그리도록 한 다음 그것을 불규칙한 모양으로 잘라 퍼즐을 만든다. 아이가 그림의 위치를 기억하고 퍼즐을 맞추도록 한다. 아이의 수준에 따라 퍼즐을 몇 조각으로 자를지 결정한다.

'시장에 가면' 놀이 하기

'시장에 가면' 놀이는 앞사람이 한 말을 반복하고 거기에 자기의 생각을 덧붙임으로써 기억력과 집중력, 창의력 모두에 도움이 된다.

✓ 뒤집어 말하기

엄마가 두 글자 단어를 말하고, 아이에게 단어의 앞뒤를 뒤집어서 말하도록 한다. 예를 들어 엄마가 "사과" 하고 말하면 아이가 "과사"라고 말하는 것이다. 아이가 아는 단어, 일상에서 흔히 사용하는 단어로 연습하고, 아이가 익숙해지면 세 글자로 연습한다.

관찰력을 높이는 놀이

✓ 사라진 물건 찾기

아이의 장난감이나 문구류 등 다양한 물건을 늘어놓는다. 아이가 잠시 눈을 감고 있도록 한 다음 그중 한 가지를 숨긴다. 아이에게 눈을 뜨라고 하고, 사라진 물건이 무엇인지 묻는다.

✓ 따라 그리기

단순한 그림이 있는 동화책을 펼친 다음, 그 속에 있는 그림을 똑같이 따라서 그리도록 한다. 아이가 그린 그림 중 잘못되거나 놓친 부분이 있으면 알려주면서 관찰 연습을 한다.

✓ 카드 뒤집기

카드를 여러 장 만들어서 동그라미, 세모, 네모 등 단순한 도형을 그린다. 카드를 두 벌 만든다. 카드를 섞어 늘어놓고 아이에게 위치를 확인하도록 한다. 카드를 뒷면으로 뒤집는다. 한 번의 기회에 두 개의 카드를 뒤집어서 똑같은 도형을 찾는다. 같은 도형 찾기에 실패하면 처음 뒤집었던 카드도 원래대로 놓는다.

✓ 돋보기 보기

돋보기로 작은 물건들을 관찰한 뒤 그림으로 그리도록 한다. 잡곡들, 채소의 잎, 나무껍질 등 주변에서 흔히 볼 수 있는 것들을 확대해 본다.

✓ 서로 다른 점 찾기

비슷한 그림을 놓고 서로 다른 점을 찾는다. 오징어와 문어, 침엽수와 활엽수, 비둘기와 참새 등을 비교하고 다른 점을 가능한 많이 찾아내도록 한다.

집중력을 높이는 놀이

✓ 눈 감고 소리 듣기

아이가 눈을 감으면 엄마가 아이 뒤에서 소리를 들려준다. 아이는 소리에 집중하여 듣고 그것이 어떤 소리인지 맞힌다. 동물의 울음소리부터 생활 소음까지, 다양하게 들려준다.

✔ 공 굴려서 원에 넣기

달력 종이 뒷면에 과녁을 만든다. 볼풀공이나 테니스공을 굴려서 가장 높은 점수에 넣는다.

✔ 종이컵 쌓기

종이컵을 피라미드 형태로 높이 쌓아올린다. 처음에는 두세 단으로 시작해서 단수를 하나씩 늘려나간다. 종이컵 쌓기가 힘들면, 나무 탑에서 나무를 하나씩 빼는 젠가 놀이를 한다.

✔ 미로 찾기

온라인에서 무료로 배포하는 미로 그림을 찾아서 두 벌씩 프린트한다. 완주까지 걸리는 시간을 기록한다. 똑같은 미로를 다음날 다시 한번 하고 시간을 기록한다.

✔ 청기백기 게임

나무젓가락과 색종이를 이용해 청기백기를 만든다. 엄마가 구호를 부르고 아이가 깃발을 든다.

❙ 창의력을 높이는 놀이

✓ 동물 가면 놀이

동물 가면을 여러 개 만들어서 가면 양 끝에 나무젓가락을 붙인다. 강아지가 하고 싶은 말, 고양이가 하고 싶은 말, 얼룩말이 하고 싶은 말이 무엇인지, 아이가 가면을 쓴 상태에서 함께 대화한다.

✓ 클레이 놀이

클레이를 조물거리는 것만으로도 소근육 운동이 되며, 원하는 모양을 만들면서 창의력이 좋아진다. 아이가 무언가를 만들었다면 "이게 뭐야?" 하고 물어본다. "이걸로 뭘 할 거야?"나 "이걸 누구에게 줄까?" 하고 대화를 이어가는 것도 좋다.

✓ 반쪽 그리기

동물, 식물, 건축물 그림을 프린트한 다음 반으로 잘라 반쪽만 종이에 붙인다. 나머지 반쪽은 어떤 모양을 하고 있을지, 상상하여 그리도록 한다.

✓ 놀이 방법 개발하기

생활 속 소품을 아이에게 주면서 "이걸로 어떤 놀이를 할까?" 하고 질문한다. 나무젓가락이나 바구니, 양말까지, 아이에게는 좋은 장난감이 될 수 있다. 아이가 놀이 방법을 제안하면 그대로 같이 놀아본다.

✓ 칠교놀이

정사각형 종이를 칠교 모양으로 잘라 각각 다른 색을 칠한다. 칠교로 다양한 모양을 만든 다음, 그 모양의 제목이나 이름을 정하도록 한다.

| 자신감을 높이는 놀이

✓ 거울 보고 칭찬하기

손거울 속에 비친 자기 얼굴을 보면서 칭찬하도록 한다. 아이가 자신을 칭찬하면 엄마도 똑같이 따라서 칭찬한다. 칭찬은 자신감을 키우는 영양제다.

✓ "저요!" 하고 말하기

엄마가 질문을 던지면 아이가 "저요!" 하고 큰 소리로 외치면서 손을 번쩍 들고 대답하는 놀이다. 아이가 대답하면 엄마는 실로폰으로 딩동댕을 쳐준다. 질문은 아이가 쉽게 대답할 수 있는 단답형이 좋다. 성공의 기회가 많을수록, 발표를 잘할수록 자신감이 커진다.

✓ 직책 맡기

집에서 아이가 할 수 있는 일을 맡긴 뒤 직책을 준다. 예를 들어 현관 앞 신발을 정리하도록 하고 '신발관리 실장', 동화책 정리를 하는 '독서 반장', 밥을 먹을 때 식탁 위에 숟가락과 젓가락을 세팅하는 '식탁 대장' 등 두세 개의 직책을 준다. 맡은 일을 성실히 해낼 때 자신감이 생긴다.

✓ 큰 소리로 웃기

아이와 마주 앉은 뒤, 누가 더 오랫동안 큰 소리로 웃는지 대결한다. 산타 할아버지 웃음 흉내 내기, 마귀할멈 웃음 흉내 내기, 아기 웃음 흉내 내기 등 주제를 정하고 웃으면 표현력이 풍부해진다. 큰 소리로 웃을 때 자신감이 생긴다.

✓ 병원 놀이, 선생님 놀이

인형들을 줄 세운 뒤, 아이가 의사 역할을 한다. "어디가 아파서 오셨나요?" 하고 아이가 묻고 인형의 아픈 곳을 엄마가 말한다. 아이가 인형을 치료한다. 누군가를 도와주면서 자신감이 생긴다. 선생님 놀이도 마찬가지다.

딸아이가 낯을 너무 가려서 걱정입니다. 평소에는 말도 잘하고 장난도 잘 치지만, 낯선 사람을 만나거나 낯선 곳에 가면 고개를 푹 숙인 채 입을 닫아버립니다. 내년에 초등학교 입학을 앞두고 있는데, 학교에 입학해서도 이런 모습이면 어떡하죠?

PART

4

49개월~초등학교 입학 전 코치 같은 엄마

당근과 채찍을 양손에 들다

독일의 생체학자 스캐몬R. E. Scammon은 6세에 사람의 뇌가 90퍼센트 이상 완성된다고 주장했다. 그렇다고 해서 성인의 능력치와 비교했을 때 90퍼센트의 능력을 발휘한다는 말은 아니다. 90퍼센트의 의미는 집을 지을 구성품을 90퍼센트 완성했다는 것이다. 집을 어떻게 지을 것인지, 내부 인테리어와 살림살이를 어떻게 할 것인지는 각자의 과제로 남는다. 그것은 초등학교에 들어가면서 본격적으로 채워나가야 할 몫이다.

생후 49개월부터 초등학교 입학 전의 시기는 뇌가 잘 구성되었는지 확인하고, 부족한 부분을 채워가는 시점이다. 그동안 엄마가 캥거루처럼, 친구처럼, 어른처럼 아이를 잘 돌보았다면 별다른 문제가 없을 것이다. 그럼에도 불구하고 개개인마다 상황이 다 다르므로, 넘치거나 부족한 부분이 있기 마련이다. 그것이 무엇인지 알고 부족한 부분을 채워간다. 이것이 '코치coach'로서 엄마가 해야 할 역할이다.

아이를 가르치고, 잘못된 부분은 따끔하게 지적한 뒤 바로잡는다. 언어능력이 좋아진 아이가 따지거나 타협하려고 들 테지만 엄마가 단호하게 말하면 체념한다.

"남들은 미운 네 살이라고 하던데, 저희 애는 미운 여섯 살이에요. 말대꾸는 기본이고, 엄마나 아빠 행동을 하나하나 지적하면서 야단을 친다니까요. 우리 애는 아무도 못 당해요."

"엄마 아빠가 아이 앞에서 행동을 잘못하셨나요?"

"아녜요. 말도 안 되는 이유를 대면서 야단을 치는 건데요, 자기가 하고 싶은 것을 못 하게 한 것에 대한 분풀이랄까…. 그럴 때면 어찌나 못되게 구는지, 저 애가 내 새끼 맞나, 싶을 때가 있어요."

처음 아이가 '분풀이를 하고 있구나' 싶을 때, 안쓰러운 마음에 오냐오냐 받아주고 달래준 것이 습관이 된 것이다. 그러다 보니 결국 번번이 아이가 고집을 피우도록 허락한 결과가 되고 말았다. 울면서 떼를 쓰거나 밥을 안 먹으면 어른들이 자기 말을 들어준다는 것을 아이가 알게 된 것이다. 그것은 아이의 문제가 아니라 어른들이 오랜 시간 동안 학습시킨 결과다.

원칙을 정했다면 예외는 없다는 것을 알려줘야 한다. 그리고 그것을 지키지 않았을 때 불이익이 온다는 것도 알려줘야 한다. 코치처럼 엄하게, 그리고 올바르게 가르쳐야 한다.

아이가 싫증을 잘 내고 포기가 빠르다면, "하기 싫어? 그럼 다음에 하자!" 하고 받아주지 말고 "잘할 수 있어. 좀 더 해볼까?" 하고 동기부여하면서 이끌어야 한다. 이제는 그렇게 해야 할 시기가 됐다.

무논리의 논리로 우기기 시작한다

47개월부터 초등학교 입학 전까지 언어능력의 80퍼센트가 완성된다고 한다. 유머를 이해하고 비웃음과 농담에도 관심이 많다. 그래서 가족에게 농담을 던지기도 한다. 물론 농담이라고 하기에는 '엥? 뭐라는 거야?' 싶은 말들이지만, 제 딴에는 농담을 시도하는 것이다.

그러나 가끔은 속 답답한 일도 생긴다.

"엄마, 아이스크림 사주세요."

"감기 걸려서 안 돼."

"어제는 감기 안 걸렸는데 왜 안 사줬어요?"

"어제는 사달라고 하지 않았잖아."

"어제 안 사줬으니까 오늘 사주세요."

이게 도대체 무슨 논리인가 싶지만, 아이는 짐짓 심각하다. 어떻게든 아이스크림을 먹기 위해 엄마를 설득하고 있으니 말이다. 한번 우기기 시작하면 모든 것이 핑곗거리가 된다. 오늘 사주면 내일 안 사달라고 한다는 둥, 친구들은 다 아이스크림을 먹었다는 둥, 아이스크림을 먹으면 감기가 나을 것 같다는 둥…. 듣다 보면 어이가 없고 화도 난다.

그럴 때는 무조건 "안 돼!"라고 말하기보다, 아이가 스스로 답을 찾을 수 있도록 질문을 던진다.

"아이스크림을 먹으면 감기가 더 심해질까 봐, 엄마는 그걸 걱정하는 거야. 하지만 너는 아이스크림이 먹고 싶은 거지? 그렇다면 어떻게 하는 게 좋을까?"

그러면 아이는 나름의 방법을 고민하고 해결책을 내놓을 것이다. 아이가 내놓은 해결책을 가지고 타협을 시작하는 것이 좋다. 비록 아이의 말이 논리적이지는 않지만 이미 스스로 답을 알고 있기 때문이다.

49개월, 인생에서 가장 행복한 나이

49개월은 인생에서 가장 행복한 시기다. '요지경 속'이던 세상을 조금씩 알아가는 재미가 있고, 사람들과 의사소통이 가능하기 때문에 불편하거나 힘든 일도 거의 없다. 만약 불만이 있을 때는 그것을 해결하는 방법도 배웠다. 어떻게 해야 상대방에게 관심과 사랑을 받을 수 있는지도 알고, 엄마의 속을 뒤집는 방법도 꿰고 있다. 물론 가끔은 관심과 사랑을 받기 위해 한 행동이 엄마의 속을 뒤집는 부작용(?)을 가져오는 것이 함정!

어쨌거나 자기 행동을 자기 뜻대로 조정할 수 있고, 상대방에게도 그렇게 하도록 요구할 수 있으므로 아이는 지식과 호기심을 차곡차곡 채워나가며 성장할 수 있다.

그리고 초등학교 입학을 앞두고 가장 편하게 놀고먹어야 하는 시기이기도 하다. '놀고먹는다'고 해서 아무것도 안 해도 된다는 것이 아니라, 초등학교 입학을 앞두고 몸과 마음의 건강을 지키기 위해 그렇게 해야 한다는 것이다.

사실 초등학교에 들어가면 새로운 환경, 친구들과의 관계, 규제된 공간에서 규칙적인 생활을 하게 되면서 은연중에 스트레스를 받는다. 때로는 다른 친구보다 잘하고 싶고, 칭찬받고 싶은 마음이 들면서 불안감이 생기기도 한다.

그러므로 초등학교에 입학하기 전, 체력 관리와 마인드 컨트롤을 통해 스트레스를 줄이는 연습을 해야 한다. 엄마는 아이의 몸과 마음의 건강 관리를 위해 행복지수를 높여준다. 아이가 힘들거나 귀찮은 일을 회피하지 않고 극복해 나갈 수 있도록 힘을 키워주는 사람이 훌륭한 코치다. 아이가 힘들어할 때 마음이 아프겠지만, "우리 한 번만 더 해볼까?" 하고 아이에게 용기와 끈기를 북돋워 주는 사람, 지금 아이에게는 코치 같은 엄마가 필요하다.

1

급속도로 성장하는 뇌,
검증의 시기

저출산 문제가 심각해지면서 집 안에서 아이 웃음소리를 들을 수 없게 되자, 대리만족이라도 하듯 TV 프로그램에서는 아이들이 주인공인 생활 예능이 인기를 누리고 있다.

미혼인 자녀들은 "엄마, 나도 어렸을 때 저랬어?"라며 부모님께 묻고, 신혼부부는 "자기야, 우리도 아기 낳으면 저렇겠지?" 하고 흐뭇한 미소를 짓고, 청소년 자녀를 둔 부모님은 "너희도 어릴 때는 저랬는데…" 하며 지난 시절을 아쉬워하고, 50~60대 부모님들은 '이제 곧 저런 손주를 보겠구나' 싶은 생각에 세월을 다시 돌아보게 된다. 여러 세대가 한 TV 프로그램 앞에서 다양한 대화를 나눌 수 있으니 이보다 더 좋을 수 없다.

그중 단연 인기 있는 아이들은 5~7세의 연령이다. 5세는 엉뚱미와 비글미로 시청자들의 웃음을 자아낸다. 어디로 튈지 모르고, 왔다 갔다 바쁘게 뭔가를 하지만 앞뒤 맥락이 닿지 않아 그것이 어른들의 눈에는 귀엽기만 하다.

하지만 6, 7세는 좀 다르다. 그 아이들은 뭔가를 골똘히 생각하는 모습을 보여주고, 부모님이나 주변 사람들을 살뜰히 챙기기도 하며, 감동적인 말로 시청자를 울컥하게 만든다. 프로그램이 끝난 뒤에 오랫동안 여운을 남기는 것은 그 아이들의 말과 생각이다. 때로는 어른들이 그 아이들을 보면서 배우기도 하고 반성하기도 한다.

49개월에서 초등학교 입학 전의 아이들이 가진 매력이 그것이다. 순수하고 진솔한 마음을 말로 고스란히 전달할 수 있고, 또 마음을 행동으로 옮길 수도 있다.

스캐몬의 성장 곡선에 따르면 아이의 두뇌는 0~6세에 90퍼센트 이상 발달하고 생후 24개월 사이에 급격한 성장 속도를 보인다. 이 시기에는 뇌신경세포의 발달에 필수인 지방을 총 열량의 50퍼센트 이상으로 공급해야 하고, 뇌와 근육 형성에 필요한 단백질도 충분히 섭취해야 한다.

스캐몬의 성장 곡선

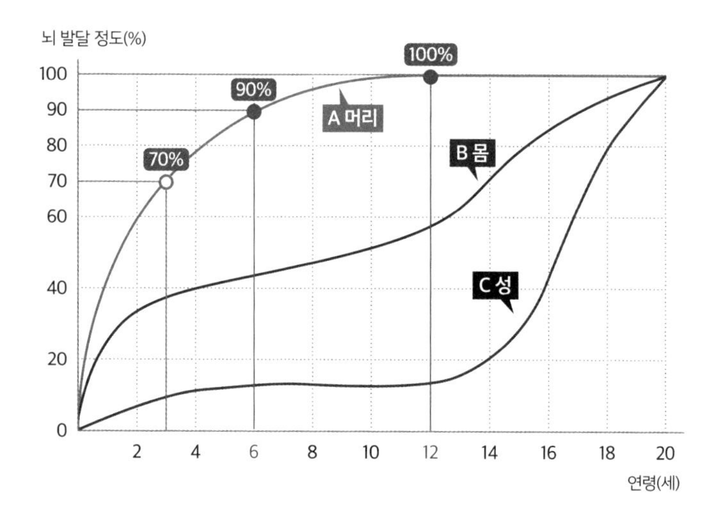

위의 표에서 보이는 것처럼, 몸과 성은 20세 전후에 완성되는데 비해 머리는 만 6세 전후에 완성된다. 즉 48개월까지는 하드웨어를 튼튼하고 크게 만드는 데 주력했다면 이후에는 그 안에 무엇을, 어떻게, 얼마나 채워 넣는가가 관건이다.

백문이 불여일견, 백견이 불여일행

'백 번 듣는 것보다 한 번 보는 것이 낫다'라는 말이 있다. 그리고 '백 번 보는 것보다 한 번 실천하는 것이 낫다'라는 말도 있다.

48개월 이전을 '지식을 넣고 과정을 알아가는 시기'라고 한다면 그 이후는 '그동안의 학습이나 지식을 확인하고 검증하는 시기'라고 할 수 있다. 책으로만 보던 것을 현장에서 직접 보고 만졌을 때 아이들의 뇌가 자극을 받으면서 도파민이 나온다. 그래서 머리에 쏙쏙 들어오고 오랫동안 살아 있는 지식이 된다.

사실 방에 앉아 책에만 파묻혀 있는 아이들은 공상에 빠지는 경우가 많다. 도깨비나 귀신을 보았다는 둥, TV에서 나온 연예인과 말을 했다는 둥 가끔 현실과 공상을 구분하지 못하고 실제처럼 말하기도 한다. 그리고 지나치게 감성적이라서 합리적이고 이성적인 생각을 하지 못한다. 책에서 본 것을 현실에서 경험할 때, 공상과 현실의 구분이 이루어진다. 또한 그때 현실에 대한 이해도 높아진다.

그래서 이 시기에는 현장학습을 많이 다니길 권장한다. 놀이동산이나 키즈카페가 아니라 유적지, 박물관, 문화재 등 책 속에서 보던 것을 직접 볼 수 있는 곳으로 찾아간다. 머릿속에만 맴돌던 것을 현실에서 직접 확인하는 것이다. 그것이 머릿속에 들어온 지식에 생명력을 불어넣는 작업이다.

현장학습을 다녀왔다면 기록을 남기는 습관을 들여야 한다. 사진이든 그림이든 그리게 하고, 날짜와 장소, 소감 등을 적되, 아이가 내용을 보다 풍성하게 적을 수 있도록 엄마와 충분히 대화해야 한다.

"오늘 박물관에서 본 것 중에 가장 기억에 남는 세 가지는 무엇무엇이야?", "왜 그게 기억에 남았어?", "그걸 아빠한테 뭐라고 설명해줄 거야?" 아이에게 구체적으로 질문해서 "몰라요"라는 대답이 안 나오도록 한다. 대답을 염두에 두고 의도적인 질문을 하는 것도 괜찮다. 단, 말을 할 때는 어른을 대하듯이, 대답을 끝까지 들어주고 그 말을 존중한다.

현장학습 기록을 차곡차곡 남겼다가 나중에 다시 한번 넘겨 보면, 추억과 기억을 되살릴 수 있는 개인의 역사가 된다.

뇌가 성장하면 예측하는 힘이 생긴다

태어나서 24개월까지, 뉴런과 시냅스 활동이 활발한 어린아이의 뇌는 살아가는 데 필요한 기초적인 지식을 배웠고, 48개월 이전까지는 '생각하는 힘'을 길렀다.

그다음 성장 단계가 '예측하는 힘'이다. 기존의 과정이 과거의 경험과 지식을 되풀이하거나 조합하는 일이었다면, 그다음부터는 일어나지 않은 일을 미루어 짐작하는 힘이 생긴다.

예를 들어 장난감 매장에서 마음에 드는 것을 발견했을 때, 아기 때는 사달라고 무조건 떼를 쓰면서 울었을 것이고, 조금 커서는 '어떻게 해야 엄마가 저걸 사줄까?'를 고민할 것이다. 하지만 6, 7

세쯤 되면 불쌍한 표정을 지으면서 엄마에게 선수를 칠 것이다.

"엄마, 저거 사면 안 되지? 생일 때까지 기다려야 해? '참 잘했어요' 도장 받은 거 열 개하고 바꾸면 안 돼?"

엄마에게 사달라고 하면 분명 "안 돼!"라고 하거나 생일 때까지 기다리라고 할 테니, 그 외에 다른 대안을 제시하면서 엄마와 협상에 나선다. 당장 눈앞만 바라보는 것이 아니라 한 수 앞을 내다볼 줄 아는 머리로 성장한 것이다.

'예측하는 힘'은 단순한 상황에서도 꼭 필요하다. '물 묻은 발로 뛰어다니면 미끄러져서 다칠 수 있고, 그러면 엄마가 화를 내거나 속상해할 것이다'를 예측할 수 있기 때문에 목욕을 마치고 난 다음에는 물기를 잘 닦고 옷을 입는다. '이웃집 할머니께 인사하면 할머니가 칭찬을 하시고, 엄마는 기분이 좋아져서 나를 친절하게 대해줄 것이다'를 예측하고는 예의 바른 아이가 된다. 예측하는 힘 덕분에 도덕성도 생기고, 예절도 알게 되고, 다른 사람과의 관계에서 어떻게 행동해야 할지 스스로 판단한다.

예측하는 힘이 생기면서 임기응변 능력도 생긴다. 동생이 울면 기저귀를 가져다가 엄마에게 준다거나 물을 쏟았을 때 걸레를 찾아오는 것, 미끄럼틀을 서로 먼저 타겠다고 실랑이가 벌어졌을 때 가위바위보를 해서 순서를 정하는 등 상황을 판단하고 거기에 필요한 행동을 할 수 있다.

반면 '예측하는 힘'의 부작용도 있다. 누가 뭐라고 하지 않았음에도 이 시기의 아이들은 눈치를 보고 거짓말을 잘한다. 크고 작은 거짓말, 꼬리에 꼬리를 무는 거짓말, 눈 가리고 아웅 하는 식의 거짓말 때문에 상담을 의뢰하는 부모님이 많다.

아이가 거짓말을 하는 이유는 셀 수 없이 많다. 원인이 무엇이라고 딱 꼬집어 말하기도 어렵다. 그러나 사소한 거짓말이라고 해도 습관이 되기 전에 반드시 바로잡아 줘야 한다.

영국 유니버시티칼리지 런던실험심리학과 연구팀은 거짓말을 하면 할수록 뇌의 편도체 활성도가 감소하면서 거짓말을 하기가 점점 쉬워진다는 연구 결과를 발표했다. 즉 처음 거짓말을 할 때는 양심에 찔리고 들킬까 봐 겁이 나지만, 두 번 세 번 반복할수록 그런 감정 없이 술술 거짓말을 하게 된다는 것이다.

"이제 일곱 살밖에 안 된 애가 얼굴색 하나 안 변하고 거짓말을 해요. 그리고 그게 들통이 나면 억울하다는 듯이 눈물을 뚝뚝 흘리는데, 기가 막힐 지경이에요. 어떨 때 보면, 자기가 한 거짓말이 진실이라고 스스로 믿고 있는 것 같아요. 왜 그런 걸까요? 우리 애가 너무 이상해요."

거짓말이 습관이 되면, 실제로 아이들은 현실과 거짓을 혼동하기도 한다. 그래서 자기가 희망하는 상황을 현실이라고 믿는다. 그것이 거짓말이라거나 잘못된 행동이라는 생각은 전혀 없다. 그래서 천연덕스럽게 거짓말이 나오는 것이다.

아이가 거짓말한 사실을 알게 되었다면 '사소한 것이니 그 정도쯤이야' 하고 넘어가지 말고 바로바로 확인한 뒤 바로잡아 주어야 한다.

이때 주의할 점이 있다. 아이에게 "잘못했어요!"라는 말을 듣는 것이 목적이 아니다. 아이를 궁지에 몰아넣고 대답을 듣는 것은 오히려 역효과가 난다. 어떠한 이유 때문에 거짓말을 한 것인지, 아이 스스로 말하게 해야 한다. 그리고 아이가 거짓말을 반복하지 않도록, 아이의 마음을 알아주고 해결 방법을 찾아야 한다.

"엄마, 사실 숫자 책을 찢은 건 동생이 아니라 저예요. 공부하기 싫어서 두 장 찢었어요. 그런데 엄마한테 들켜서, 혼날까 봐 동생이 그랬다고 거짓말했어요."

"네가 거짓말을 해서 엄마는 당황하고 슬펐어. 그런데 사실대로 말해주니 고맙구나. 숫자 공부 하루에 다섯 장 하는 게 너무 힘드니? 그러면 네 장으로 줄일까?"

거짓말은 상황을 더 나쁘게 만들고, 사람들에게 배신감을 주며, 결국에는 아이의 말을 아무도 안 믿게 된다는 것을 동화나 우화를 통해 알려주는 것도 좋다. 아이의 거짓말에 일일이 대응하기보다는, 거짓말을 하면 왜 안 되는지 평소에 확실히 알려주어야 한다.

2

'끈기'는 만들어가는 것이다

이 시기에는 엄마를 찾는 일이 점점 줄고 집중하는 시간도 제법 길다. '공부는 엉덩이로 하는 것이다'라는 말처럼, 학습을 위해서는 한자리에 앉아 집중하는 시간을 늘리는 것이 중요하다.

"우리 아이는 끈기가 없어서 놀이든 공부든 진득하게 하질 못해요."

이 말은 반은 맞고 반은 틀리다. 6~7세 아이들은 자기가 좋아하는 일에는 초집중하는 반면, 흥미가 없는 것에는 반응이 없다. 그리고 아무리 집중력이 좋은 아이라고 해도 15~30분 정도 지나면 정신이 흐트러지게 마련이다. 어른에게는 눈 깜짝할 짧은 시간이지만, 아이에게는 최선을 다해 집중한 시간일 것이다.

먼저, 아이가 흥미가 없는 것인지 진짜 끈기가 없는 것인지부터 살펴보아야 한다. 흥미가 없을 때는 엄마의 눈치를 보면서 집중하는 흉내를 내지만 금세 다른 길로 빠지고 만다. 그 또래 아이들의 특징이므로 이것은 큰 문제가 아니다.

끈기가 없는 아이의 유형도 제각각이다

"유치원 선생님 말씀이, 아이들끼리 삼삼오오 모여서 놀이할 때, 우리 애는 여기저기 끼어들어서 남들 하는 건 다 따라 하려고 한대요. 그런데 여기서 조금, 저기서 조금…. 그러다 보니 끝마치는 게 하나도 없다는 거예요. 장난감을 가지고 놀 때도 여러 가지를 꺼내 놓고 이것 잠깐, 저것 잠깐 가지고 노니까 주변이 엉망이 된다더라고요. 끈기가 없는 건지, 산만한 건지 모르겠지만, 유치원 선생님이 상담을 요청하실 정도니…."

이것은 끈기의 문제가 아니라 '선택'의 문제일 수 있다. 한 가지를 선택하지 못하니까 끝까지 할 수 없는 것이다. 이럴 때는 무엇이든 다 하라고 내버려두지 말고, "이거랑 저거, 둘 중 어느 걸 먼저 하고 싶니?" 하고 물어본 다음, 선택한 것 외에 다른 것은 치워버린다. 그리고 선택한 것을 다 끝내면 다른 것 중에 다시 선택하도록 한다.

이때 아이가 선택한 것에 대해서는 "오늘은 이걸 가지고 놀고 싶었구나? 정말 재미있겠다" 하고 칭찬을 해주어야 한다. 한 가지를 선택하고 집중해서 끝마칠 때 칭찬을 들을 수 있다는 사실을 알도록 말이다.

끈기 있게 책상에 앉아 있지 못하는 아이도 있다. 그림을 그릴 때 선 하나 긋고 화장실 다녀오고, 동그라미 하나 그리고 물 먹고 오고…. 누웠다, 앉았다 도무지 집중하지 못하는 아이를 보고 있으면 '그림 그리기 싫어서 그러나?' 싶기도 하지만, 글씨를 쓰거나 색종이 접기를 할 때도 그런 식이다.

6세 아이라면, 굳이 책상이 아니어도 된다. 식탁이나 거실 탁자나 바닥도 상관없다.

"오늘은 어디에서 그림을 그릴까? 날씨가 좋으니까 발코니에 돗자리 펴고 앉을까? 아니면 벽에 스케치북 걸어놓고 서서 그릴까?"

아이가 좋아하는 위치를 정하도록 한 다음 장소를 바꿔가면서 공부해도 된다.

그러나 7세는 좀 다르다. 초등학교 입학을 준비해야 하기 때문이다. 초등학교 1학년은 대개 40분 수업하고 10분간 쉰다. 그렇게

4교시 혹은 5교시를 보낸다. 습관이 되지 않은 아이에게 40분은 길기만 하다. 그러므로 7세 때는 책상에 앉아 있는 습관을 만들어야 한다.

'책상에 앉아 있는 습관'과 '책상에 앉아 공부하는 습관'은 다르다. 일단 책상에 앉아 있는 습관이 먼저다. 습관을 만들기 위해서는, 아이가 가장 좋아하는 것을 책상에 앉아서 하도록 한다. 블록 맞추기를 좋아한다면 책상에서 블록을 맞추도록 하고, 가장 맛있는 간식을 먹을 때도 책상에 앉아서 먹도록 한다. 책상에 앉았을 때 즐거운 일이 일어나고 포상이 주어진다면 아이는 설레는 마음으로 책상에 앉게 될 것이다.

색칠을 하다가 복잡하면 덮어버리고, 놀이를 하다가도 불리한 상황이면 "나 안 해" 하고 벌떡 일어나는 아이도 부모의 눈에는 끈기 없는 아이로 보인다. 쉬운 것만 골라서 하고 어려운 것은 미루거나 외면하는 아이를 보면 엄마는 속상하다.

이런 아이들은 자신감이 부족한 경우가 많다. 잘못하거나 실수할까 봐 겁이 나서 도전하지 않는 것이다.

"넌 그것도 못 하니?", "넌 끝까지 하는 게 하나도 없구나!" 등의 말로 마음의 상처를 받은 기억이 있다면 자신감이 떨어질 수밖에 없다. 그래서 새로운 시도를 할 때 부모님이나 주변 사람들의 눈치를 살핀다. 자존심이 강한 아이는 반대로 "이런 건 너무 쉬워서 난

안 해!" 하며 어깃장을 놓는 행동을 보이기도 한다.

이 아이에게 필요한 것은 칭찬과 격려다. 아이가 숫자판을 앞에 두고 머뭇거리며 주저할 때 "엄마랑 같이 이거 한번 해볼까?"라거나, "이건 어려워서 초등학교 형아도 못 풀겠는걸. 하지만 엄마한테 뽀뽀 한번 해주면 힌트를 줄게"라며 아이를 이끌어준다. 슬쩍 답을 흘리고, 게임을 하면서 힌트를 주고, 틀려도 긍정적인 반응을 해주면서 아이가 다시 한번 시도할 수 있도록 박수 쳐준다. 그리고 마침내 문제를 해결해 냈을 때 '엄지척' 올려준다. 이때 아이는 '아, 처음에는 틀릴 수도 있지만 끝까지 노력하다 보면 풀리는구나'를 깨닫는다.

자기 말만 하고 상대방의 말은 안 듣는 아이도 성격이 급하고 끈기가 없어 보인다. 왜냐하면 "이건 어떻게 하는 거예요?" 하고 질문을 던져 놓고, 상대방이 대답도 하기 전에 또다시 질문을 하거나 다른 곳으로 가버려서 결국은 질문에 해답을 얻지 못한다.

"아이가 끈기가 없어서, 학교에 가서도 선생님 말씀을 끝까지 안 듣고 엉뚱한 짓을 할까 봐 걱정이에요."

'한국말은 끝까지 들어 봐야 한다'라는 것을 아이가 알 리 없다. 하지만 아이의 행동을 교정해 주지 않으면 엄마의 걱정은 곧 현실이 될 것이다.

상대방의 말을 듣지 않으면 수업에도 문제가 되지만, 무엇보다 소통이 안 된다는 점이 가장 큰 문제다. 선생님과, 친구와, 부모님과 소통하지 못하면 아이는 '그 누구하고도 말이 안 통해! 아무도 내 마음을 몰라!'라고 생각하면서 스스로 세상과 담을 쌓게 된다. 그러므로 핑퐁 대화를 통해 '대화란 상대방의 말을 듣고 자신의 이야기를 하는 것'임을 알려주어야 한다.

핑퐁 대화란 말 그대로, 탁구를 하듯 내가 한마디하고 그 다음에 상대방이 한마디를 하는 식이다.

"아침 반찬 중에 무엇이 제일 맛있었어?"

"달걀찜하고 멸치볶음. 너는 어떤 반찬 좋아해?"

이런 식이다. 대화를 길게 이어나가기 좋은 놀이가 '스무고개'다. 아이가 답을 생각하고 엄마가 질문을 던지는 형식으로, 엄마의 말에 귀를 기울이도록 한다. 처음에는 세 고개로 시작해서 일곱 고개, 열 고개로 차츰 질문의 수를 늘려나간다. 질문의 개수가 적을 때는 정답을 쉽게 알 수 있는 힌트를 주고 시작한다.

질문을 듣고, 대화하고, 문제를 맞히는 스무고개 놀이는 끈기를 키우는 동시에 소통 연습을 하는 데 더없이 좋다.

원래부터 끈기 있고 집중력이 좋은 아이는 없다. 끈기와 집중력은 훈련으로 만들어지며, 훈련 시간을 조금씩 늘려나가야 한다. 그리고 아이 옆에서 훈련을 돕는 엄마에게도 끈기가 필요하다.

엄마의 재촉이 필요하다

끝까지 잘 마무리하는 것이 '끈기'라면, 정해진 시간 안에 해야 할 일을 끝마치는 것이 '속도'다. 초등학교에 입학하면 정해진 시간 안에 수업을 마치고, 화장실을 다녀오거나 밥을 먹어야 한다. 입학 전까지 시간의 규제 없이 생활해 온 아이라면 속도를 맞추지 못해 결국 "학교 가기 싫어!"라는 말을 하게 될 것이다. 생각, 말, 행동을 서두를 수 있도록 엄마의 재촉이 필요하다.

"밥을 오랫동안 입에 물고 있으면 충치균이 이를 다 파먹어. 조금 서둘러서 20분 안에 밥 다 먹고 이 닦자."

1분 안에 양말 신기, 5분 안에 책상 정리하기, 10분 안에 잠옷 갈아입기 등 규칙을 정한 뒤 시간 안에 끝낼 수 있도록 재촉한다.

행동이 빠른 아이는 생각도 빠르고, 생각이 빠른 아이는 행동이 빠르다. 시각 속도를 높이는 방법으로는 미로 찾기, 다른 그림 찾기, 월리를 찾아라, 같은 글자나 숫자 찾기처럼 단순한 상황을 반복하는 놀이가 있다. 행동 속도를 높이는 방법으로는 맨손체조, 컵 쌓기, 공 튕겨서 받기, 지그재그 장애물 달리기 등이 좋다. 놀이와 일상에서 아이가 한 걸음 빨라질 수 있도록 엄마의 독려와 칭찬이 필요하다.

6~7세에 필요한 대근육 운동

초등학교에 입학하기 전, 체력을 다지는 것은 필수다. 책가방을 메고 학교까지 걸어다녀야 하며 학급에서도 책걸상을 옮겨야 할 상황이 생긴다. 준비물을 챙기는 것도, 급식을 받는 것도, 책상에 앉아 수업을 듣는 것도 다 체력이 필요하다. 이 모든 것을 엄마의 도움 없이 혼자서 해내야 한다.

6~7세 때는 대근육 운동 중심으로 체력을 길러야 한다. 대근육 운동이란 몸통과 팔다리를 사용한 근육 운동을 말한다. 뛰고, 던지고, 구르고, 매달리면서 온몸을 사용할 때 대근육이 만들어진다. 유아기 때 운동신경의 70~80퍼센트가 완성되는 만큼 대근육 운동

은 물론 도구 활용 운동, 스포츠 종목 운동까지 도전해 봄 직하다.

아이의 몸 또한 대근육을 키우기에 적합한 형태로 성장한다. 팔과 다리 그리고 목이 길어지면서 몸의 움직임이 자연스럽고 섬세해진다. 전체적으로 동글동글했던 몸매에 등뼈 곡선이 생기면서 배와 가슴이 구분되는 시기다. 신체적인 조건이 갖춰지면 활동이 더 활발해진다.

근력운동은 비단 몸을 건강하게 할 뿐만 아니라 뇌의 활동에도 큰 영향력을 미친다는 연구 결과가 있다.

미국 미주리대학교 연구진은 동물실험을 통해 근력 운동은 뇌의 '기억력 센터'라고 할 수 있는 부위에서 새로운 뉴런을 활성화시키는 등 뇌의 리모델링 능력을 향상시켰다는 결과를 발표했다.

캐나다 벤쿠버종합병원 연구팀 또한 65~75세의 여성을 대상으로 근력 운동 실험을 실시, 뼈 건강은 물론이고 인지력과 지능이 개선되는 효과가 있다는 것을 확인했다.

『체육관으로 간 뇌 과학자 Healthy Brain, Happpy Life』의 저자이자 신경과학자인 웬디 스즈키Wendy Suzuki는 테드 강의에서 "지금 당장 두뇌를 위해 할 수 있는 가장 혁신적인 것은 바로 운동입니다"라고 말하며, 근력 운동의 중요성을 강조했다. 그녀는 "운동은 뇌에 즉각적인 영향을 미치고, 단 한 번의 운동으로도 즉시 도파민, 세로토닌, 노르아드레날린 등의 신경전달물질 분비를 촉진시킨다. 그뿐만 아니라 새로운 뇌세포를 생성하는 해마의 부피를 증가시키며, 전전두엽 피질을 강하게 만들어 뇌를 튼튼하게 만들어 준다"라며, 운동이 뇌에 미치는 긍정적인 효과를 강의해 폭발적인 화제를 모았다.

건강한 몸을 만들기 위해 운동을 하는 동안 뇌가 똑똑해진다는 사실을 많은 과학자들이 증명했다. 뇌도 몸의 일부이며 근육으로 이루어졌고, 근육은 쓰면 쓸수록 단련되는 반면 사용하지 않으면 퇴화된다는 사실을 간과해서는 안 된다.

내 아이가 공부 잘하고 똑똑한 아이로 자랐으면 좋겠다고 생각한다면, 아이를 책상 앞에 붙들어 두기보다 활기차게 뛰어놀 수 있도록 함께 밖으로 나가야 한다.

말싸움하다 감정싸움이 된다

아이가 똑똑해지면서 엄마를 찾는 일이 적어진다. 그래서 아이를 어린이집이나 유치원에 보내놓고서 잠시 엄마가 '여자로서의 시간'을 가질 수 있는 시기이기도 하다.

자립심이 생겨 혼자서도 제 일을 잘하고 심부름을 시켜도 척척 해낸다.

"식탁 위에 있는 물컵 좀 집어다 줄래?"

그 말에 정확히 식탁 위의 물컵을 가져다준다. 말도 잘하고 이해력도 높아졌기 때문에 엄마의 대화 상대가 돼줄 때도 있고, 때로는 엄마의 말에 '철학자' 같은 대답을 해서 깜짝 놀라게도 한다.

하지만 옛 어른들이 '미운 일곱 살'이라고 하신 데는 다 이유가 있다. 대견함과 감동을 주는 그 반대편에는 '지긋지긋하게 말을 안 듣는 청개구리'의 모습이 숨어 있기 때문이다.

"벌써 10시네. 이 닦고 잘 준비해야지."

"싫어, 안 잘 거야. 안 졸려. 나, 아빠 오는 거 보고 잘 거야."

"안 돼! 아빠는 오늘 회식 있어서 늦는다고 하셨어."

"싫어. 그래도 나 아빠 오면 인사하고 잘 거야."

"10시에 잠자는 거 몰라? 어린이는 10시에 이불 속으로 들어가야 하는 거야."

"그런 게 어디 있어. 엄마는 뭐든 다 엄마 마음대로야."

"엄마가 언제 그랬어? 말도 안 되는 소리 하지 말고, 어서 잘 준비해."

"싫어, 나 안 잘 거라고. 안 졸린데 어떻게 자."

이렇게 실랑이를 시작하면, 끝내 엄마가 버럭 화를 내고 아이는 징징 울면서 마지못해 잠자리에 드는 것으로 결론이 난다. 아이는 엄마의 말을 듣기도 전에 '싫다'는 말을 먼저 하고, 엄마는 '안 돼'라는 말을 가장 많이 하는 시기, 그때가 바로 미운 일곱 살이다. 이제는 '미운 일곱 살'로도 모자라 '미친 일곱 살'이라는 말까지 생겼다.

"아무리 내 자식이지만, 미치지 않고서야 어떻게 저럴 수 있나 싶어요."

네 살, 일곱 살, 두 딸을 둔 엄마는, 툭하면 엄마에게 눈을 흘기고 방문을 걸어 잠근 채 나오지 않는 큰아이 때문에 한창 속앓이 중이라고 했다. 동생이 애지중지 아끼는 인형의 머리카락을 가위로 다 잘라 놓질 않나, 어릴 때 자기가 그린 그림이 마음에 들지 않는다며 스케치북을 다 찢어서 버리질 않나, 사소한 일에 화를 주체하지 못해서 씩씩대는 모습을 보고 있으면 '벌써 사춘기?' 하는 생각이 든다는 것이다.

아이마다 다르겠지만, 대개의 아이들이 일곱 살을 홍역처럼 앓는다고 한다. 남자아이들은 우당탕쿵탕 집 안 조용할 날이 없고, 상상조차 할 수 없는 해괴한 말썽을 부려 "우리 집에 괴물이 사는 것 같다"는 엄마도 있다. 여자아이들은 예민해지고 사사건건 트집을 잡거나 말대답을 하는 탓에 속에서 열불이 난다는 하소연이 가장 많다.

이에 소아정신과 전문의들은 "아이와 말싸움을 하지 마세요"라고 주의를 준다. 사실 아이와의 말싸움이라니, 말도 안 되는 일이다. 그럼에도 불구하고 엄마들은 아이와의 유치한 말싸움에 휘말리고 만다.

"엄마가 동생한테 소리 지르지 말라고 그랬지! 언니가 동생한테 양보하고 돌봐주고 그래야지, 왜 소리를 질러."
"엄마도 나 야단칠 때 소리 지르잖아요. 나도 얘 야단치는 중이라고요."
"엄마하고 너하고 똑같니?"
"뭐가 다른데요?"

동생에게 윽박지르는 큰딸을 야단치려다 결국 이렇게 엄마와 딸의 싸움이 되어버린다.

"책상 서랍에서 볼펜 좀 가져다줄래?"
엄마의 부탁에 팔짱을 끼고 서서, "엄마는 왜 만날 나한테 심부름을 시켜요?" 하고 짜증을 내는 아이 때문에 당황했다는 엄마.
"미안해. 심부름이 귀찮았구나. 다음부터는 엄마가 한 번 더 생각하고 심부름을 부탁하도록 할게."
"미안한 줄 알면 다음부터는 시키지 마세요. 나도 피곤하니까."
이쯤 되면 당황을 넘어서 뒤통수를 맞은 기분이 들 것이다. 그러니 아이와 말싸움을 시작할 수밖에….

아이와 말싸움을 하지 않으려면 무한한 인내심이 필요하다. 그러나 그보다 먼저 엄마의 대화 습관을 되짚어볼 필요가 있다. '아이는 어른의 뒷모습을 보고 자란다'라는 말이 있다. 부모의 언어 습관이 아이들에게도 영향을 미친다. 아이와 대화할 때 윽박지르거나 비아냥거리고, 무시하고, 때로는 아이에게 화풀이를 하지 않았는지 생각해 보자.

▌나는 아이와 어떤 모습으로 대화하는가?

✓ 아이의 말을 끝까지 듣고 대답하는가?

아이가 두서없이 말한다고 중간에 말을 자르거나 답답해한다면 아이는 엄마와 대화하는 데 부담을 느낀다. 그리고 자신의 이야기를 끝까지 들어주지 않는 엄마에게 마음을 닫아버린다. 아이의 말문을 막아버리는 엄마의 행동은 아이의 자신감을 떨어뜨리는 첫 번째 원인이다.

✓ 내 기분과 감정에 따라 일관성 없게 대화하고 있지 않은가?

그러면 안 된다는 것을 잘 알고 있으면서 지키지 못하는 것 중 하나다. 특히 내 기분이 안 좋거나 감정이 상한 상태에서는 제대로 훈육이 이루어질 수 없다.

"엄마는 네가 방문을 걷어차는 것을 보고 조금 놀랐어. 그래서 생각할 시간이 필요해. 저녁 먹고 나서 얘기해 보자."

감정이 폭발할 것 같을 때는 일단 '잠시 뒤'로 미뤄두자. 아이에게도, 엄마에게도 시간이 필요하다.

✓ 명령하듯 말하고 있지 않은가?

말은 습관이다. 아이가 아직 어리다고 해서 지시하고 명령하듯 말한다면 얼마 지나지 않아 아이가 엄마에게 따지고 들 것이다.

"유치원 선생님은 친절하게 말하는데 엄마는 왜 화난 것처럼 말해?"

그리고 어느덧 엄마와 닮은 말투로 엄마에게 명령할 것이다.

"배고프니까 빨리 밥 내놔!"

아이가 나를 거울처럼 바라보고 있다는 사실을 항상 잊지 말아야 한다.

✓ 비난하거나 무시하면서 아이에게 상처를 주고 있지 않은가?

"쯧쯧!", "네가 그렇지, 뭐!", "됐어, 저리 가" 이 밖에도 한숨짓기, 눈 흘기기, 이맛살 찌푸리기 등 말 한 마디 없이도 아이에게 상처를 줄 수 있다.

이것은 아이와의 대화라기보다 일방적인 폭력에 가깝다. 엄마가 이런 식으로 말하는데 어떤 아이가 긍정적으로 성장할 수 있을까. 혹시 아직 어리다고, 내 아이니까 함부로 대해도 된다고 생각하는 것은 아닌지….

"안 돼", "하지 마"란 말로 아이의 몸과 생각을 묶어두고 있지는 않은가?

아이는 끊임없이 무언가를 하고, 엄마는 그것을 말리느라 목소리가 높아진다.

"청개구리가 따로 없어요. 하라는 것은 안 하고 하지 말라는 짓만 골라서 한다니까요."

그러나 아이의 입장에서는 '하고 싶은 것은 하지 말라고 하고, 하기 싫은 것만 하라고 하는' 엄마가 불만이다.

아이에게 "안 돼", "하지 마"라고 말하기보다 "괜찮아", "한번 해볼래?"라고 말할 수 있도록 대화법을 바꾼다.

"팽이 갖고 놀 거야" 하고 거실로 팽이를 들고 나온 아이에게 "안 돼! 돌리기만 해봐"라는 말 대신, "거실에서 팽이를 돌리면 아래층 할아버지가 시끄럽다고 하시니까, 팽이는 내일 놀이터에 나가서 돌리자. 대신 지금은 바둑알로 알까기 할까?"라는 대안을 제시한다면 아이는 엄마의 제안을 받아들일 것이다.

100번 연습하면 된다는 것을 알려준다

"우리 아이는 포기가 빨라서 걱정이에요."

"어떨 때 그렇게 느끼시나요?"

"숫자 문제를 틀려서 설명해 주려고 하는데, 그 설명을 끝까지 안 듣고 '알아, 알아!' 하더라고요. 그런데 똑같은 문제를 또 틀렸어요. 그래서 또 설명해 주려고 하니까 '하나쯤은 틀려도 돼' 하면서 신경도 안 써요. 다른 일에서도 마찬가지예요. 자기가 보기에 조금 어려울 것 같으면 바로 두 손 들어요."

"그럴 때 엄마는 어떻게 하세요?"

"야단치고, 달래기도 하고…. 어떻게든 시켜보려고 하는데, 그러다가 제가 너무 스트레스를 받으니까…. 제가 스트레스 받으면 아이도 스트레스 받을 거 아녜요. 때 되면 하겠지 싶어서 어떤 것은 그냥 포기하고, 어떤 것은 몇 번 반복해서 말해주고 그래요."

그렇게 엄마의 판단으로 점점 포기하는 것의 수가 많아진다. 어려워서, 복잡해서, 굳이 지금 필요할 것 같지 않아서, 귀찮아서…. 아이보다 먼저 엄마가 포기한다.

때 되면 하겠지? 천만에! 저절로 알게 되는 것은 없다. 그렇게 방치하다가 정작 '때'를 놓치는 수가 있다.

6~7세 즈음이면 스스로 어려운 일에 도전하고 성취감을 느낄 만큼 사회적으로나 정신적으로 성숙하다. 하지만 도전에 대한 욕구가 저절로 생겨나는 것은 아니다. 아이가 도전을 두려워하지 않도록 기다리고, 칭찬하고, 동기부여를 해주는 엄마의 노력이 필요하다.

그다음은 '100번 연습하면 된다'라는 것을 알려줘야 한다. 새로운 것을 배우거나 시작할 때 단번에 척척 해내는 아이는 없다. 누구나 여러 번 반복하면서 익히는데, 다만 얼마나 집중하느냐 어느 정도 오래 참고 도전하느냐의 차이가 있다.

집중력이 좋은 아이는 그렇지 않은 아이보다 쉽게 익힌다. 하지만 집중력이 좋지 않더라도 끈기를 갖고 두 배 더 도전한다면 성공에 가까워진다. 아예 재주가 없거나 수준보다 어려운 것이라고 해도 똑같은 것을 100번 연습하면 안 되는 것이 없다.

이 시기에는 “못해도 괜찮아”라는 말보다는, 구체적인 방법과 요령을 알려주고 포기하지 않도록 응원해주는 말이 필요하다.

“엄마, 젓가락질은 너무 어려워요.”

“아직 손가락 힘이 없어서 그래. 젓가락을 손에 꼭 쥐고, 가운뎃손가락을 움직이는 연습을 해봐.”

쇠젓가락은 미끄러우니까 아이용 대나무 젓가락이나 약국에서 파는 연습용 젓가락을 구입해 주고, 엄마가 아이의 손을 잡은 다음 함께 손가락을 움직이며 연습한다. 어느 손가락에 특히 힘이 부족한지, 젓가락을 너무 길거나 짧게 잡는 것은 아닌지 살펴보고 교정해 준다.

“조금 전보다 자연스러워졌는걸. 거 봐, 연습하니까 조금씩 나아지지? 이대로라면 다음 주 일요일에는 감자조림 정도는 젓가락으로 먹을 수 있을 것 같은데!”

성장해 가는 과정과 노력을 칭찬하고, 아이가 더 발전된 자신의 모습을 상상할 수 있도록 구체적인 이미지를 말로 표현해 준다.

만약 아이가 연습을 많이 했는데도 안 된다며 포기하려 한다면 “아직 100번 안 해서 그래. 100번 할 때까지 여기에 표시하면서 조금 더 노력해 보자" 하고 구체적으로 100번이란 숫자를 말해주는 것이 좋다.

'도전'이란 단어는 아이에게 부담스러울 수 있다. 그러나 아이는 수많은 도전을 통해 성장해 왔고, 살아가는 동안 더 많은 도전을 해야 한다. 아이에게 필요한 것은 도전을 두려워하지 않는 마음가짐이다.

어른이든 아이든 도전을 망설이는 이유는 실패에 대한 두려움 때문이다. 거절, 실수, 실패를 경험했던 과거의 기억이 '또 그렇게 되면 어떡하지?' 하는 두려움을 불러온다. 거절당했을 때의 부끄러움, 실수했을 때의 당황스러움, 혼이 났을 때의 자책감 등으로 이미 아이의 마음 상태가 엉망인데, 위로받기는커녕 주위로부터 따가운 시선을 받았을 테니 말이다.

"도전하는 목적이 무엇입니까? 무엇을 위해 도전하지요?" 하고 물으면 대부분 "당연히 성공을 위해"라고 대답한다. 아이에게도 "성공을 위해 도전하라"고 말한다. 그러나 성공은 도전의 결과물일 뿐 목적이 아니다.

무엇인가를 이루기 위해, 해내기 위해 도전하는 목적은 과정을 통한 '성장'이다. 그래서 성공하든 실패하든, 도전은 의미를 갖는다. 도전에서 실패하더라도 성장은 이뤄진다. 그만큼의 경험치가 쌓이고, 다시 한번 도전할 수 있는 기회를 얻을 수 있다.

아이에게도 '도전=성공'이 아닌, '도전=성장'임을 알려줘야 한다. 내 아이가 도전을 두려워하지 않고, 끈기 있게 다시 도전하는 아이로 성장하기를 바란다면 말이다.

견디는 힘, '그릿'을 키운다

2016년 「월스트리트」와 「포브스」 등에서 최고의 책으로 선정한 『GRIT』은 미국의 심리학자 앤젤라 더크워스의 자기계발서다.

책의 제목보다 더 눈길을 끈 것은 '성공은 타고난 재능보다 열정과 끈기에 달려 있다'라는 책의 표지문구와 '천재가 아닌 자들을 위한 책'이라는 카피였다. 이 말대로라면 타고난 재능을 가진 천재가 아니라 열정과 끈기가 있는 평범한 사람이 성공한다는 것 아닌가! 견디는 힘, '그릿'에 대한 심리학자의 연구는 매우 흥미로웠다.

한바탕 그릿 열풍이 불자, 한 TV 프로그램에서 8~10세 영재 아이들을 대상으로 특별한 실험을 했다. 원래부터 짝이 맞지 않아 절대 맞출 수 없는 칠교 퍼즐을 아이들에게 준 뒤 10분 내에 완성하라고 한 것이다.

당연히 한 명도 성공하지 못했다. 아이들은 "어려워요", "안 돼요", "못 하겠어요"라며 포기했다. 그런데 그중 네 명은 제한 시간이 지났음에도 불구하고 퍼즐 조각을 놓지 않았다. 앞에 앉은 선생님이 "제한 시간이 지났는데, 우리 그만할까?" 아니면 "쉬었다가 다시 해볼래?" 하고 물었지만, 아이들은 고개를 절레절레 흔들며 "아니에요. 계속 할래요"라고 대답했다.

나중에 한 아이에게 포기하지 않은 이유를 물었더니 아이는 "포기할까 하다가 '아니야' 하고, 포기할까 하다 '아니야' 하고…. 더 하다가 더 하다가…. 열심히 하면 언젠가는 꼭 성공할 수 있을 거라는 생각이 들었어요"라고 대답했다.

이 네 명의 아이들을 대상으로 다시 다양한 검사를 실시했는데, 그 결과 네 아이 모두 자존감이 매우 높다는 공통점이 있었다. 자존감이 높은 아이들은 실패하더라도 자존심에 상처를 받지 않기 때문에 도전을 두려워하지 않는다. 비록 제한 시간 안에 칠교 퍼즐을 완성하지 못했지만 그 아이들이 포기하지 않고 계속 도전할 수 있었던 힘은 '자존감'에서 나왔던 것이다. 역시나 '그릿' 또한 그 원천은 자존감이었다.

'그릿'은 강요한다고 생겨나는 것이 아니다. 끈기와 열정을 가지고 어려움을 견뎌냈을 때, 그 이후에 얻게 될 기쁨이 얼마나 큰지 아는 사람만이 자발적으로 선택하는 것이다. 그러므로 도전하고 성공했을 때 얻는 기쁨을 맛볼 수 있도록 '성공의 경험'을 만들어줘야 한다.

'성공의 경험'은 100퍼센트 성공할 수 있는 도전이어야 한다. 예를 들어 앞구르기 두 번하고 만세 외치기, 30분 안에 1부터 50까지의 숫자를 찾아서 선으로 연결하기, 할머니께 전화해서 '사랑해'라는 말 듣기, 일주일 동안 매일 줄넘기 50번 하기 등 아이의 체력과 학습 정도에 따라 아이가 쉽게 할 수 있는 것을 정해서 성공하도록 돕는다. 그리고 그것을 이루었을 때 입에 침이 마르도록 칭찬하는 것은 물론이요 아이가 원하는 보상을 해주는 것이다.

비교적 쉬운 도전에는 작은 보상, 어려운 도전일수록 큰 보상이 뒤따라야 한다. 그래야 어려운 도전이라고 해도 회피하지 않고 기꺼이 선택할 테니 말이다.

'그릿'은 비단 아이에게만 필요한 요소가 아니다. 태어나서 젖 빨고 똥 싸는 것밖에 할 줄 모르는 아이를 어엿한 인간으로 키워내기까지, 부모 또한 많은 것을 견뎌내야 한다.

사실 어른 중에도 "나는 그릿이 있는 사람입니다"라고 자신 있게 말할 수 있는 사람은 많지 않을 것이다. 만약 그랬다면 큰마음 먹고 산 트레드밀이 옷걸이로 방치되는 일도 없었을 것이고, '다이어트'를 입에 달고 살 일도 없었을 테니 말이다. 또한 담배 회사와 주류 회사는 진작 망했을 것이다.

'부모'라는 이름을 달긴 했지만, 아직 완성되지 못한 인간이 또 다른 인간을 키워낸다는 것이 어디 쉬운 일인가. 아는 것보다 모르는 게 많고, 살아온 세월이 많다고는 해도 아직 살아야 할 날이 더 많기에, 일곱 살짜리 청개구리 아이를 보면서 부모는 자기 스스로를 반성하게 된다.

아이가 불쑥 "엄마, 지구에는 몇 개의 나라가 있어요?"라거나 "태양은 얼마나 뜨거워요?"라고 물었을 때, "내가 그걸 어떻게 아니?" 하고 대답하면 안 된다. "너는 참 별 게 다 궁금하구나. 쓸데없는 소리 하지 말고, 가서 동화책이나 읽어" 하고 핀잔해서도 안 된다. 모를 때는 솔직하게 대답하면 된다.

"글쎄, 엄마도 잘 모르겠는데 네가 물어보니까 궁금해지네. 우리 같이 찾아볼까?"

어쩌면 아이는 자기가 모르는 것을 엄마도 모르고 있었다는 사실에서 동질감을 느끼고 더 좋아할지도 모른다. 그리고 자기도 모르고 엄마도 모를 만한 것들을 계속 찾아 호기심을 갖고 질문할 수도 있다.

'아이가 한 뼘 자랄 때 부모도 한 뼘 자란다'라는 마음으로 인내심을 갖고 견뎌낸다면, 마침내 큰 기쁨을 맛볼 것이다.

5

연습을 실전처럼
실전을 연습처럼 한다

"초등학교 1학년 학부모님들이 헷갈리시는 게 있는데요, 학교는 어린이집이나 유치원과 달라요. 어린이집과 유치원의 주요 목적이 보육이라면 학교는 교육을 목적으로 하고 있습니다. 그럼에도 불구하고 부모님들은 아이 머리를 묶어달라, 물건을 흘리고 다니지는 않는지 챙겨달라, 아이가 기침을 하니 약을 좀 먹여달라는 등의 요구를 하세요."

초등학교 1학년 담임의 하소연이다.

한 반에 스무 명 남짓, 모두 제각각인 아이들을 가르치기 위해서는 '평균' 눈높이에 맞출 수밖에 없다. 스무 명 중 80~90퍼센트 이상이 숫자를 1,000까지 셀 수 있다면 담임은 모든 아이들이 할 수 있다는 전제하에 교육을 시작한다. 물론 10,000까지 세거나 덧셈 뺄셈까지 척척 해내는 아이에게는 너무 쉽고, 이제 100까지밖에 모르는 아이에게는 어려운 수업이다.

그렇다고 해서 모르는 아이가 알 때까지 숫자 세기를 반복할 수는 없는 노릇이다. 그러다 보면 나머지 아이들이 흥미를 잃거나 '선생님은 숫자 모르는 아이들만 예뻐해!' 하는 오해를 살 수 있다. 공평한 선생님이 되기 위해 담임은 아이들과 객관적인 거리를 유지한다.

"그런데 학부모님 중에는 가끔 담임에게 직접 전화하는 분도 계세요. 알림장을 보니 아이에게 숫자를 읽고 쓰는 숙제를 내주신 듯한데, 그걸 학교에서 가르쳐야지 왜 집에서 가르치라고 하느냐고요. 모르는 아이가 있으면 끝까지 이해시키는 게 선생님의 역할 아니냐고…. 다른 아이야 어찌 되었든 자기 아이만 중요하다는 이기적인 생각이지요."

담임에게 직접 전화하면 차라리 이래저래 설명할 기회라도 있는데, 곧장 학년주임과 교장에게 전화해서 항의한 경우 여간 곤란한 게 아니라고 했다.

내 아이를 다른 아이와 똑같이 대한다고 해서 서운해하지 말고, 초등학교에 입학하기 전에 객관적인 눈으로 내 아이를 평가할 필요가 있다.

아이의 두뇌 영역이 골고루 발달해 있는지, 초등학교에 입학해서 적응하는 데 문제는 없는지, 잘하는 것과 뒤떨어지는 것은 무엇인지, 다음 체크리스트를 보면서 확인해 보길 바란다.

만약 아래의 체크리스트를 모두 확인해 본 결과 아이가 스스로 할 수 있는 일이 적다면 하나하나 가르쳐야 한다. 무엇이든 처음부터 잘할 수는 없다. 여러 번 연습하면서 앞으로 일어날 일을 대비해 보자. 연습을 실전처럼 한다면, 실전에서는 연습처럼 편안하고 자연스럽게 해낼 수 있을 것이다.

┃ 초등학교 입학 전, 아이가 반드시 알아야 할 스무 가지

✓ 10의 배수, 덧셈과 뺄셈을 안다.

6세에는 10의 배수를 정확히 알고 있어야 하고, 7세에는 두 자릿수 덧셈과 뺄셈이 가능해야 한다.

✓ 혼자서 책을 읽을 수 있다.

아이가 알고 있는 단어의 수와 수준에 따라 책을 읽는 속도가 달라지고, 아는 단어가 적으면 아이는 점점 책에서 흥미를 잃는다. 단어에 막혀서 내용이 머릿속에 들어오지 않기 때문이다. 그러므로 어휘력을 늘리고 단어를 확장해야 한다.

✓ 시곗바늘을 볼 줄 안다.

큰 바늘과 작은 바늘이 가리키는 숫자가 무엇을 의미하는지, 같은 숫자라 하더라도 바늘의 길이에 따라 다르게 읽힌다는 것을 이해해야 한다. 시계를 볼 수 있어야 생활계획표를 만들었을 때 올바르게 실천할 수 있다.

✓ 심부름을 제대로 할 수 있다.

심부름을 잘하려면 심부름의 내용을 주의 깊게 듣고, 이해하고, 행동으로 옮겨야 한다. 그래서 심부름을 잘하는 아이는 주의력과 이해력이 좋고 소근육·대근육 발달도 잘 되어 있다. 물론 심부름을 하고 부모님께 칭찬을 들으면 자존감도 높아진다.

✓ 체력이 중요하다.

학교에 들어가면 40분 동안 책상에 앉아 수업을 들어야 한다. 아니면 그 시간 동안 체육 활동을 하거나 미술 도구를 들고 이동해야 할 수도 있다. 더군다나 환경이 바뀌고 낯선 친구들과 어울리려다 보면 은근 스트레스를 받기도 한다.

이때 체력이 중요하다. 피곤한 상태에서는 짜증이 올라올 테고 친구들과 선생님 앞에서 감정이 폭발할지도 모른다. 그러니 초등학생 예행연습을 하면서 체력을 기른다.

✓ 규칙을 잘 지킨다.

규칙은 공동체 구성원들이 반드시 지켜야 할 약속이다. 가족, 친구, 모임 등 둘 이상의 사람이 모이면 그 안에는 규칙이 존재한다. 특히 초등학교에 입학하면 규칙의 강제성이 강화된다. 규칙에 적응하는 데 불편함이 없도록, 일상에서 사소하고 다양한 규칙을 정한 뒤 그것을 지켜나가도록 독려한다.

✓ 감정을 글로 표현한다.

6세 이전에는 자신의 감정을 말로 표현할 수 있어야 하고, 그 이후에는 글로 표현할 수 있어야 한다. 감정을 글로 표현하다 보면 어휘력도 풍부해지고, 아이가 자신이 느끼는 감정을 섬세하게 구분할 수 있다.

예를 들어 짜증이 나는 것인지 화가 나는 것인지, 기쁜 것인지 설레는 것인지, 심심한 것인지 답답한 것인지를 구분해서 표현한다.

✓ 글자를 보고 따라서 쓴다.

어려운 단어나 처음 보는 글자라고 해도, 선생님이 칠판에 쓴 글자를 보고 따라 쓸 수 있어야 한다. 그래야 알림장도 원활하게 쓸 수 있기 때문에 준비물을 못 챙겨가서 불편한 상황이 생기지 않는다.

✓ 숫자를 1~1,000까지 읽고 쓴다.

초등학교 입학에 앞서 숫자를 1,000까지 읽고 쓸 수 있어야 한다. "1,000까지요?" 하고 놀라지 않아도 된다. 10의 배수를 알고 숫자가 조합되는 원리를 이해하면 10,000까지도 읽고 쓸 수 있다.

✓ 다양한 어휘를 사용해 발표한다.

아이가 알고 있는 어휘가 얼마나 되는지에 따라 말솜씨가 달라진다. 그리고 말솜씨는 곧 글쓰기와 연결되며, 어휘량이 풍부해야 자신의 감정 표현도 다양하게 할 수 있다. 그러므로 다양한 품사의 플래시 카드를 이용해 어휘량을 늘려보자.

✓ 수업 시간 동안 의자에 잘 앉아 있는다.

7세 아이의 평균 집중 시간은 15분 내외라고 한다. 물론 자기가 좋아하는 놀이나 동영상을 시청할 때는 예외지만, 학교 수업 시간에 15분 이상 집중하기 어렵다. 그러다 보면 의자도 불편하고, 엉덩이와 허리도 아프고…. 그래서 40분 동안 자리에 앉아 있는 것이 힘들 수밖에 없다.

그러므로 의자에 오래 앉아 있는 연습이 필요하다. 숫자를 익히거나 동화책을 읽을 때, 글자 쓰기를 할 때 의자에 앉아서 하도록 한다.

✓ 젓가락을 사용한다.

초등학교 1학년 수업 과정 중에 젓가락질 연습하기가 나온다. 나무젓가락을 이용해 콩이나 과자를 집어서 옮기는 놀이 형태다. 자기가 옮긴 콩이나 과자의 개수를 적어서 내야 하기 때문에 다른 아이보다 못하면 주눅이 들 수 있다. 그러므로 필요한 것은 미리미리 익혀두자.

젓가락질을 잘하면 연필을 꼭 잘 잡을 수 있으므로 글씨를 곧게 쓰는 데 도움이 되고 두뇌 계발에도 긍정적인 효과가 있다.

✓ 화장실 뒤처리가 가능하다.

학교에서는 공용 화장실을 사용하기 때문에 아이들이 심리적인 불안감을 갖는 경우가 많다. 그래서 학교에서는 아예 화장실을 안 가거나 못 가는 아이가 생긴다.

공용 화장실을 사용하는 예절을 익히고, 볼일을 본 다음에는 혼자서 뒤처리를 깔끔하게 할 수 있도록 알려주어야 한다. 서툴다고 야단을 치거나 엄마가 다시 처리해 주지 말고, 잘했다는 칭찬과 격려가 필요하다.

✓ 우유갑을 스스로 열고서 먹는다.

"우유갑을 열어달라고 가지고 나오는 애들이 한둘이 아니에요. 손에 힘이 없는 건지, 엄마가 다 해줘서 그런 건지…. 가지고 나오지 말고 스스로 해보라고 알려주었는데도 안 하고 집으로 가져가더라고요." 초등학교 1학년 담임에게서 들은 얘기다.

고사리손으로 우유갑을 열기가 쉽지 않겠지만, 손 근육 발달을 위해서라도 우유갑 정도는 혼자 열 수 있도록 요령을 익힌다.

✓ 엄마와 떨어져 있을 수 있다.

어린이집과 유치원은 비교적 자유로운 분위기에서 짧은 시간 동안 엄마와 떨어져 지내는 곳이지만 학교는 그와 좀 다르다. 공동 규칙이 중요하고 분위기도 엄하며 좀 더 긴 시간 동안 엄마와 떨어져 있어야 한다. 엄마와 떨어져 있는 동안 불안을 느끼지 않도록 시계를 보면서 하루 일과를 설명해 준다.

✓ 물병을 스스로 딴다.

학교에 정수기가 있지만 물을 따로 싸서 보내기도 하고, 정수기 물을 물병에 따라서 먹을 수 있도록 물병을 보내기도 한다. 하지만 이때 아이가 물병을 따지 못하면 아무 소용이 없다. 물병을 따는 일은 우유갑을 따는 것과 또 다른 근육을 사용하는 것이므로, 물병 따기도 알려줘야 한다.

✓ 줄넘기를 할 줄 안다.

초등학교 1학년, 입학 준비물로 줄넘기가 있다. 학교마다 약간의 차이가 있지만 줄넘기 급수표가 있어서, 열 가지 동작을 모두 해내야 한다. 줄넘기는 아이 성장에 도움이 되고 대근육 발달에도 좋으니 꾸준히 실력을 늘려나가는 것이 좋다. 대개의 아이들이 초등학교 입학 전에 모둠뛰기 정도는 다 익히고 들어간다.

✓ 일기를 쓸 줄 안다.

일기는 그날 하루 동안 있었던 중요한 일을 글로 정리하거나 혹은 단순히 하루 동안 무슨 일을 했는지 시간 순서대로 기록하는 것이다. 그러므로 어떤 일이 있었는지 되돌아보고 내용을 정리할 수 있어야 한다. 일기를 쓰면 깜박깜박 잊는 일이 줄어들고 자기 감정을 되돌아볼 수 있으며 문장력도 좋아진다. 또 중요한 것과 사소한 것을 구분하고 요약하는 기술도 생겨서 글짓기를 하는 데 도움이 된다.

✓ 책을 읽고 감상문을 쓸 수 있다.

독서에 만족하지 말고 독서 후 줄거리나 교훈, 감상을 글로 남기는 것이 좋다. 눈으로 읽은 내용을 다시 한번 생각하고 글씨로 쓰는 과정을 거치면서 사고력이 쑥쑥 자란다.

✓ 목욕을 혼자 한다.

초등학교 고학년이 되면 혼자서 목욕을 하겠다는 아이들이 생기지만 저학년의 경우는 대개 부모님이 목욕을 시키곤 한다. 그러나 양치나 세수를 혼자서 하는 것처럼, 목욕도 혼자서 할 수 있어야 한다. 자기 몸을 스스로 돌볼 수 있을 때 독립심과 자립심이 생긴다. 초등학교에 입학하면서 제일 필요한 덕목이 아닌가 싶다.

❙ 초등학교 입학 전까지, 엄마가 가르쳐야 할 열 가지

✔ 자기 일을 혼자서 하도록 한다.

일단 학교에 입학하고 교실에 들어서면 무엇이든 아이 혼자 해내야 한다. 그러기 위해서는 집에서부터 연습이 필요하다. 머리 감기, 세수하고 이 닦기, 옷 입기, 가방 챙기기 등을 스스로 할 수 있도록 가르친다.

✔ 올바른 인성을 만든다.

아무리 공부를 잘해도 인성이 부족하면 친구를 사귀거나 학교생활에 적응하기가 어렵다. 부모는 아이가 다른 사람들과 더불어 잘 살아갈 수 있는 능력 중 '인성'을 무엇보다 먼저, 가장 중요하게 가르쳐야 한다. 인성은 저절로 만들어지는 것이 아니며 학습을 통해 배우고 익혀야 한다.

✔ 규칙적인 생활 습관을 만든다.

생활계획표를 만들어서 눈에 잘 띄는 곳에 붙여 놓고 규칙적인 습관을 만들어간다. 아이가 계획표의 일정을 잘 실천하면 그에 따른 보상을 해줌으로써 아이의 의지를 북돋워 주는 것이 중요하다.

✓ 독서를 통해 간접 경험을 늘린다.

가장 좋은 것은 직접 경험이겠지만 그러기에는 한계가 있으므로 책을 통해 간접 경험의 폭을 늘려주는 것이 좋다. 컴퓨터, TV, 스마트폰 등 아이를 유혹하는 요소가 많으면 산만해서 독서에 집중할 수 없다. 심심해야 책에 빠질 수 있으니, 환경부터 개선한다.

한 가지 더! 책이 빽빽하게 꽂혀 있으면 보는 것만으로도 질린다. 책꽂이에는 아이가 이삼일 동안 읽을 분량의 책만 꽂아두고, 그것을 다 읽었을 때 다른 책으로 바꿔준다.

✓ 담력을 키운다.

온실 속 화초처럼 자라다가 학교에 입학하면 낯선 환경에 주눅이 들 수 있다. 선생님이나 친구가 불렀을 때 큰 소리로 대답하기, 먼저 큰 소리로 인사하기 등을 통해 담력을 기른다면 학교생활에 잘 적응할 수 있을 것이다.

✓ 엄마가 먼저 꿈의 방향을 제시한다.

"넌 꿈이 뭐야? 뭐가 되고 싶어?" 하고 물으면 아이는 대답을 하지 못한다. 자기가 알고 있는 세계가 좁기 때문에 꿈에 대해서도 큰 그림을 그리지 못하는 것이다.

이때 엄마가 먼저 "아픈 사람을 고쳐주는 의사 선생님이 되었으면 좋겠어"라든가 "넌 말을 똑똑하게 잘하니까 아나운서가 되는 것은 어떨까?" 하고 방향을 제시해 주면 아이가 꿈의 방향을 설정하는 데 도움이 된다.

✓ 오늘 하루 스케줄을 머릿속에 그릴 수 있도록 한다.

오늘 어떤 행사가 있는지, 하루 동안 어떤 일을 해야 하며 또 누구를 만날 것인지 아이에게 알려준다. 아이의 일과뿐만 아니라 엄마의 일과도 공유하는 것이 좋다.

예를 들어 "아침밥 먹고 네가 유치원에 있는 동안 엄마는 외할머니를 뵙고 올 거야. 유치원 끝날 시간에 맞춰 엄마가 데리러 갈게. 만나서 도서관 가서 재미있는 동화책 빌리자"라는 일과를 알려주고 스케줄에 따라 움직인다. 그러면 앞으로 일어날 상황을 예측할 수 있기 때문에 아이는 불안함을 느끼지 않고 마음의 준비를 한다.

✓ 악기를 시작한다.

전문적인 악기가 아니라 주위에서 흔히 볼 수 있는 실로폰, 멜로디언, 리코더 등을 선택해 음감을 익히고 연주를 할 수 있도록 한다.

악기 연주는 눈으로 악보를 보고, 손이나 입을 움직이고, 연주를 귀로 들으면서 조율하는 등 매우 다양한 감각들이 종합된 활동이다. 그러다 보니 악기 연주를 하는 동안 음악에 대한 감수성이 생기는 것은 물론 두뇌가 골고루 발달한다.

✓ 매일 그림을 그린다.

그림은 스트레스를 치유하는 좋은 방법이다. 아이의 그림을 보면서 잘 그렸다거나 못 그렸다는 식의 평가를 하는 것이 아니라, 아이 마음속에 어떤 그림자가 있는지 또 불편한 감정은 없는지 살펴봐야 한다.

엄마가 잘 모르겠으면 미루어 짐작하지 말고, 아이에게 직접 물어보는 것이 좋다.

"이 작은 개미를 왜 이렇게 많이 그린 거야?"

아이는 엄마에게 친절하게 설명하면서 자신의 감정을 드러낼 것이다.

✓ 그림 일기를 쓴다.

하루 중 인상 깊었던 것을 그림으로 그리고 글로 기록하는 것이 그림 일기다. 일기를 쓰면서 알지 못하던 글자와 단어를 익힐 수 있도록 엄마가 곁에서 도와준다. 그림 일기를 꾸준히 쓰면 학교에 들어가서 글짓기 논술도 어려움 없이 할 수 있다.

아이가 하고 싶어 하는 것이 있으면 예전보다 폭넓게 허용해 주고, 선택 상황을 만들어서 아이가 주도적으로 행동할 수 있도록 돕는다. '아이에게는 칭찬이 그 어떤 보약보다 좋다'라는 점을 늘 기억하면서 말이다.

초등학교 입학 전, 권장하는 검사 다섯 가지

초등학교에 입학하기 전 아이의 건강과 체력, 지력을 검사하기를 권장한다. 강점은 키우고 약점은 보완해야 아이가 자신감을 갖고 학교생활에 잘 적응할 수 있다.

1. 지능 검사

7세 이하 미취학 아이를 대상으로 하는 지능검사로는 '카우프만 아동지능검사'와 '웩슬러 유아지능검사'가 있다.

이 검사의 목적은 내 아이가 천재냐, IQ가 얼마나 되느냐를 알아보는 것이 아니다. 카우프만 검사는 아이의 좌뇌와 우뇌가 균형 있게 발달하고 있는지 살펴보는 것이 중점이며, 웩슬러 검사는 아이가 학습할 때 어려움은 없는지 선별하는 검사다.

양쪽 뇌가 불균형하거나 특정 학습 영역이 평균 이하일 때 학습에 어려움을 겪을 수 있으므로 입학 전에 보완해 주는 것이 좋다.

2. 소아청소년과 검사

키, 몸무게, 머리 크기 등 외적 성장이 잘 이루어지고 있는지 살펴보고, 그에 따라 신체 각 부위와 장기의 균형적인 성장도 점검한다. 또 초등학교 입학 전에 예방접종 확인서를 제출해야 하는데, 이곳에서 예방접종 유무를 확인할 수 있다.

본격적인 단체 생활이 시작되는 초등학교에서는 치료보다 예방이 중요하기 때문에, 만약 추가로 필요한 예방접종이 있다면 이때 확인하고 접종할 수 있다.

3. 안과 검사

스무 살 전후까지 성장하는 다른 신체 부위와 달리 눈은 만 7~8세에 대부분 완성된다고 한다. 그러므로 약시와 사시처럼 시력 발달에 영향을 줄 수 있는 요소는 그 이전에 교정해 줘야 한다.

대한안과학회에서는 '1·3·6 캠페인'을 벌이면서, 만 1, 3, 6세 때 반드시 안과 검진을 받아야 하며, 영유아 시기 눈 건강은 평생을 좌우한다고 해도 과언이 아니라고 강조한다.

4. 치과 검사

초등학교 입학 전후로 젖니가 빠지면서 영구치가 나오기 시작한다. 공교롭게도 이때부터 군것질이 부쩍 늘고 활동량도 많아지면서 치아 관리에 소홀하기 쉽다.

다른 아이보다 일찍 어금니가 났다면 어금니의 홈을 미리 실란트로 메워 충치를 예방할 수 있다. 과잉치나 치외치는 없는지 알아보고, 3~6개월마다 치과에 방문해 불소 도포를 하는 것이 좋다.

5. 예방접종 검사

학교에서 단체 생활을 하면 감염의 위험이 높아진다. 그러므로 대한소아청소년과학회에서 추천하는 예방접종은 가능한 모두 맞는 것이 좋다. DTaP•, 폴리오••, MMR•••, 일본뇌염 등이 이에 포함된다. 입학 전 학교에 예방접종 확인서를 제출해야 하므로 미리 확인하고 준비한다.

• 디프테리아, 파상풍 등
•• 바이러스에 의한 전염성 질환
••• 홍역·유행성이하선염·풍진혼합백신

딸아이가 초등학교에 입학하더니 고자질쟁이가 되었어요. 동생의 행동을 감시하고 있다가 조금이라도 눈에 거슬리면 쪼르르 달려와서 일러바칩니다. 학교에서도 반 친구들을 감시하고 고자질하느라 수업에 집중하지 못한다고 선생님이 걱정하셨어요. 그런 행동 때문에 친구들이 제 딸을 피하고 따돌린다니 고민입니다.

PART

5

초등학교 입학~10세 미만

판사 같은 엄마

한 걸음 떨어져서 아이를 보다

초등학교에 들어가면서 비로소 진짜 '사회성'이 만들어진다. 어린이집이나 유치원에서의 사회성은 선생님의 주도하에 교육된 것이지만, 학교에서는 아이가 직접 겪으면서 사회성이 만들어진다. 첫 단추를 잘 끼우는 것이 중요하므로, 아이가 친구들과 편안하고 자연스럽게 어울리는지, 선생님께는 예의 바르고 자신감 있게 대응하는지 살펴봐야 한다.

우리나라에서는 보통 8세에 초등학교에 입학한다. 가정과 보육 시설에서 벗어나 교육의 현장으로 들어가는 것이다. 돌봐주고 도와주는 사람 없이, 학교에서 일어나는 모든 일을 스스로 해결해야 한다. 아이에게는 새로운 시작이자 도전이다.

발달심리학자이자 소아정신분석가인 에릭 에릭슨에 따르면, 초등학교에 입학하는 학령기인 8세는 심리사회적 발달 단계 중 4단계로 '근면성 대 열등감'의 시기다. 이때부터는 열심히 노력해 성취감을 맛보기 시작하며, 자기가 노력한 만큼의 결과를 얻지 못하면 스스로가 무능하고 열등하다고 생각할 수 있다.

그러므로 이때는 자기가 목표한 것을 이루기 위해 인내심을 갖고 꾸준히 노력하는 자세를 갖추어야 한다.

산수 문제가 안 풀려서 답답해하는 아이에게 이때는 "시원한 물 한 잔 마시고 다시 도전해 보자"라든가 "엄마랑 같이 풀어볼까? 문제를 다시 한번 소리 내서 읽어보자"라는 식으로 아이가 포기하지 않도록 격려하는 것이 아이를 위하는 일이다.

얼마 전까지만 해도 유치원에서 뛰어놀던 천방지축 아이가 어느덧 책가방을 메고 교문을 들어서는 걸 보면, 한편으로는 대견하기도 하고 다른 한편으로는 걱정이 앞선다. 친구들과 다투면 어쩌나, 선생님 눈 밖에 나는 행동을 하면 어쩌나, 수업 시간에 말귀를 못 알아듣고 엉뚱한 행동을 하면 어쩌나, 알림장은 제대로 적어 오려나…. 물가에 내놓은 아이처럼 불안한 마음에, 생각 같아서는 교실에 CCTV라도 설치해 두고 싶은 심정일 것이다.

그래서 초등학교 1학년 담임은 학부모들에게 신신당부한다.

"아이는 학교에서 잘 적응해 가고 있으니 걱정 마세요. 그리고 좀 서툴거나 실수하면 어때요, 그러면서 배우는 거지. 친구들과도 갈등하고, 양보하고, 조율하면서 그렇게 사회성을 익히는 것입니다. 부모님들이 생각하시는 것보다 아이들은 훨씬 어른스럽고 건강해요."

1학년의 궁극적인 목표는 자기주도성을 키우는 것인데, 엄마가 일일이 챙겨주고 간섭하면 그 목표에서 멀어진다. 완벽하지 못하더라도 아이 스스로 해내는 경험을 차곡차곡 쌓아야 한다. 시행착오도 거치고 좌절감도 맛보겠지만, 끝내 포기하지 않고 다시 도전했을 때 조금씩 성장해 간다. 아이가 스스로 그것을 깨달을 때까지 엄마는 한 발짝 떨어져서 아이를 지켜봐야 한다.

2학년쯤 되면 제법 여유가 생긴다. 신학기도 겪어봤고 소풍도, 방학도 두 차례 이상 치르면서 웬만한 학사 일정을 알고 있다. 친한 친구도 생기고, 자기가 어떤 과목을 잘하고 어떤 과목을 어려워하는지도 안다. 급식 시간에 편식하던 습관도 조금 나아져서 아무리 먹기 싫은 반찬이라도 한두 개 정도는 먹을 정도로 내공이 쌓였다.

그러면서 친구와의 관계가 돈독해진다. 엄마가 수업 끝나면 곧장 집으로 와야 한다고 아무리 말해도, 친구가 "우리, 떡볶이 먹고 방방이 하러 갈래?" 하면 엄마의 말은 새카맣게 잊고 만다. 엄마가 자기를 야단치는 것보다 친구를 나쁘게 말하는 것이 더 속상하고 억울하게 느껴지는 시기다. 물론 3학년이 되면 그것이 점점 더 심해진다.

그래서 3학년, 열 살이 되면 아이는 부모로부터 완전한 독립을 꿈꾼다. 학교에서든 집에서든 자기 일을 혼자서 할 수 있고, 친구와의 관계도 엄마의 간섭에서 벗어나 자기 주도로 움직이고자 한다. 그래서 '미운 열 살', '똥고집', '반항기', '사춘기의 시작'이라는 별칭을 얻기도 한다. 실제로 의학계에서는 여자아이의 경우 열 살, 남자아이는 열두 살을 사춘기의 시작으로 보고 호르몬과 신체 변화를 연구하고 있다.

아이가 독립하기 위해 고군분투할 때 "너는 왜 이렇게 엄마 말을 안 듣니? 이 청개구리야!" 하고 야단칠 게 아니라, '너도 다 생각이 있겠지'라고 믿어주며 어떻게 하나 지켜봐야 한다. 엄마의 조언은 아이의 귀에 잔소리로밖에 들리지 않는다. 아무리 옳은 말을 해도 소용이 없다. 아이의 반항심을 부추기고 싶지 않다면 눈 감고, 귀 막고, 입 가리고 이 시기가 지나가기만을 바라야 한다.

운 좋게, 아이가 먼저 엄마에게 다가와 고민을 털어놓거나 도움을 요청한다면 따뜻하게 손을 잡아준다. 부모는 어떤 순간에도 아이에게 믿음을 주는 든든한 존재가 되어야 한다는 것을 기억하자.

자신감이 중요하다

"아이가 올해 초등학교에 입학하는데 긴장돼 죽겠어요. 아이는 마냥 좋아 하지만, 저는 준비물 챙기랴 아이 챙기랴 정신이 없어요. 이건 하지 마라, 그럴 때는 이렇게 해라…. 가르쳐야 할 게 한두 개여야 말이지요."

사실 초등학생 1학년 엄마의 마음은 초등학생 1학년이다. 엄마도 학부모는 처음이라 챙기고 챙겨도 부족한 것 같고, 과연 내 아이가 학교에 가서 잘 적응할 수 있을까, 집에서처럼 굴지는 않을까 걱정이 이만저만이 아니다.

그래서 생각날 때마다 아이에게 잔소리를 하게 된다. 평소라면 그냥 넘어가던 일도 "너 학교 가서도 이럴 거야? 이러면 안 된다고 몇 번을 말했어!" 하고 야단을 친다. 하나부터 열까지 눈에 차는 것이 없고 못 미덥다.

집에서 사사건건 지적받고 야단맞는 아이, 과연 엄마의 바람대로 학교에서는 자기 일을 척척 잘 해낼 수 있을까?

학교는 어린이집이나 유치원과는 사뭇 다르다. 통제와 규제가 많고, 개인보다는 집단을 중심으로 학교생활이 이루어진다. 그러므로 아이는 자기의 몸과 감정, 건강을 스스로 돌보아야 한다. 수업 시작을 알리는 종소리가 울리면 책상에 앉아 교과서를 펼치고, 급식을 스스로 가져다가 편식 없이 먹고, 쉬는 시간에 화장실에 다녀오고, 친구들과의 관계도 아이가 신경 써야 할 과제다.

그래서 초등학생 1학년은 피곤하다. 실수하면 선생님한테 혼날 것 같고, 친구들이 이상하게 보거나 놀릴까 봐 행동이 조심스럽다. 사실 누가 뭐라 하지 않아도, 사람은 누구나 다른 이에게 잘 보이고 싶고 칭찬 듣고 싶어 한다. 특히 가족이 아닌 타인, 가정이 아닌 사회에서 듣는 칭찬에 큰 의미를 부여한다.

1학년생에게 가장 중요한 것은 자신감이다. 실수해도 주눅 들지 않고, 틀려도 자책하지 않으려면 자신감이 있어야 한다.

"우리 아이는 발표도 잘하고, 다른 아이보다 일찍 한글을 떼서 그런지 표현력도 뛰어나요. 산수도 그렇고 음악이나 미술도 그렇고, 다른 아이들보다 좀 잘하는 것 같아요. 당연히 자신감이 넘치지요."

남들보다 잘하기 때문에 아이가 자신감을 갖고 있을 것이라는 생각은 엄마의 착각일 수 있다. 자신감은 무언가를 잘한다고 해서 생겨나는 것이 아니라, 잘하든 못하든 아이 마음속에 갖고 있는 '자기 자신에 대한 믿음'이다.

예를 들어 평소 피아노를 잘 친다는 칭찬을 듣고 자신감이 넘치던 아이가 콩쿠르에 나가서 상을 받지 못했을 때, 아이의 반응은 크게 두 가지로 나타난다. 급격하게 자신감을 잃고 이후 피아노 연주를 꺼리는 아이, 그리고 아무 일도 없었다는 듯 평소처럼 피아노를 치는 아이….

전자처럼 다른 사람들의 평가에 자신의 행동이 좌우된다면 진정한 자신감이라고 볼 수 없다. 자기에 대한 믿음이 확고한 사람은 다른 사람의 영향을 크게 받지 않기 때문이다.

"와, 애들이 진짜 피아노를 잘 치더라고요. 내가 연습이 부족했어요. 나도 좀 더 연습하면 그 정도는 할 수 있을 것 같아요. 이번에는 상을 못 받아서 아쉽지만 내년에는 내가 받을 수 있도록 연습을 좀 더 해야겠어요."

자기에 대한 신뢰가 있는 아이는 다른 사람의 평가에 휘둘리지 않으므로 자기를 돌아보고, 스스로 계획을 세우고, 차근차근 실천하며 자신감을 더욱 키운다. 이것이 궁극의 자신감이다.

아이가 가진 다양한 특성을 찾는다

미국의 심리학자인 패트리샤 린빌Patricia Linville은 실험을 통해 "사람에게는 다중성이 있으며, 자신의 다중성을 인식하는 사람이 스트레스 상황에서 영향을 덜 받는다"라고 말했다.

그는 피실험자들에게 사람의 특성을 설명하는 서른세 개의 단어 카드를 주고, 그것으로 자기 자신을 설명하라고 했다.

이때 어떤 사람은 단 몇 장의 단어로 자신을 표현했고, 어떤 사람은 가족과 있을 때, 친구들과 있을 때, 회사에 있을 때처럼 상황에 따라 다른 모습으로 자신을 표현했다. 예를 들어 회사에서는 엄격하고 말수가 적었던 사람도 집에 돌아오면 자상한 아버지가 된다. 밖에서 말을 많이 하고 친절한 세일즈맨은 집에서 말수가 적어질 수 있다. 사람의 내면에는 이렇듯 다양한 특성이 있다.

패트리샤 린빌의 실험은 자신의 내면에 어떤 특성이 있는지를 알고 그것을 인정하는 것이 중요하다는 사실을 말하고 있다.

"너는 왜 그렇게 잘난 체를 하니?"

이런 말을 들었을 때, 내면의 다양성을 인정하지 않는 사람은 '나에게 어떻게 그렇게 말할 수 있지!' 하고 큰 상처를 받는다. 자신의 여러 특성 중 한 가지를 전체로 생각하기 때문이다.

하지만 다양성을 알고 인정하는 사람은 '내가 좀 잘난 체하는 것은 사실이지만 막무가내는 아니야. 나는 모를 때 모른다고 솔직하게 인정해. 잘못된 것이 있을 때는 수정하려고 노력하고'라고 생각한다. 자기 내면에 있는 '잘난 체한다', '모르는 것을 솔직하게 인정한다', '잘못을 수정한다' 등의 특성을 함께 떠올리는 것이다. 자신의 다양한 특성 중 한 가지를 지적받은 것이므로 큰 상처를 받지 않는다. 자신감과도 연관이 된다.

아이도 마찬가지다. 자기 안의 다양성을 알 때 자신감에 상처를 덜 받는다. 하지만 어린아이는 자기 내면의 특성을 혼자서 알아차리기 힘들다. 처음에는 부모를 통해, 성장하면서는 주변 사람들의 말과 행동을 통해 차츰 깨달아간다. 그리고 성인이 되어서는 어느 순간 스스로 내면을 들여다볼 수 있는 시기를 맞이 한다.

어쨌거나 첫 단추는 부모다. 부모는 아이의 다양성을 알려주고, 자신감을 북돋워야 한다. '침착하지 못하고 산만한 아이'라고 단정하지 말고 '놀이할 때는 기분이 많이 들뜨지만, 책을 읽을 때는 집중력이 좋아서 앉은 자리에서 한 권을 거뜬히 읽을 수 있는 아이'라는 것을 알려준다. '소심한 아이'가 아니라 '낯선 환경에서는 소극적이지만 적응하면 누구보다 적극적인 아이. 남보다 적응 속도가 빠른 아이'임을 발견해서 알려줘야 한다. 그랬을 때 아이는 자기의 장단점을 알고 자기를 신뢰할 수 있다.

자신감이 부족한 아이의 부모라면

아이의 특성을 알려주는 동시에 자신감 만들기를 시작해야 한다. "우리 아이는 왜 그렇게 자신감이 없는지 모르겠어요" 하는 부모가 있다면, 스스로에게 다음 질문을 던져보자.

| 첫째, 아이가 무언가에 도전할 수 있도록 기회를 주었는가?

부모의 과잉보호 아래 자란 아이들은 자기도 모르는 사이에 무기력해져 있다. 가만히 있어도 엄마가 밥을 입에 넣어주고, 옷도 입혀주고, 심지어는 세수까지도 다 해준다. 자기가 어질러놓은 장난감도 엄마가 다 치워주니 손가락 까딱할 일이 없다. 아니, 자기가 스스로 밥을 먹다가 흘리거나 세수를 하다가 옷이라도 젖으면 엄마한테 잔소리를 들을까 봐 오히려 겁을 낸다. 이미 여러 번 그런 경험이 쌓였을 테고 그러는 동안 아이는 자립할 수 있는 기회를 포기했을지도 모른다. 이렇게 스스로 무언가에 도전하고 성공한 경험이 없는 아이는 자신감 또한 없다. 일상에서도 그렇고 학교에 가서도 마찬가지다.

둘째, 아이를 충분히 격려해 주었는가?

낯선 일에 처음 도전할 때는 어른, 아이 할 것 없이 두려움을 갖는다. 잘해내고 싶고, 실수할까 봐 걱정도 된다. 사실 그래서 도전을 망설이는 것이다.

아이가 자신감 있게 자라길 바란다면 부모가 먼저 아이에게 말해야 한다. "네가 혼자서 한번 해봐. 실패해도 괜찮아" 하고 말이다. 아이는 실패할 권리를 가지고 있으며, 아이의 실패는 '경험'과 같은 의미다. 경험이 많을수록 두려움이 적고 성공할 확률도 높아진다. 때로 이렇게 질문하는 엄마도 있다.

"한번 실패하면 겁이 나서 자신감이 더 떨어지지 않나요?"

물론 그럴 수 있다. 그래서 아이가 실패했을 때 반드시 부모의 격려가 필요하다. 아주 '충분히' 말이다.

셋째, 말속에 진심을 담고 있는가?

아이와 대화할 때 또는 아이를 칭찬할 때, 건성건성 대하거나 과장하는 것은 좋지 않다. 아이가 아직 어려서 잘 모를 것이라고 생각하면 오산이다. 어린아이라고 해도 부모가 자기에게 집중하고 있는지, 칭찬이 진심인지 잘 안다.

진심이 아닌 말은 신뢰를 무너뜨린다. 습관처럼 "우와, 최고, 최고! 세상에서 네가 제일이야"를 연발한다면 아이는 속으로 '거짓말'이라고 생각할 것이다. 주위를 둘러보아도 스스로를 평가해 봐도 그렇고, 자기가 최고가 아님을 알 수 있기 때문이다. 신뢰가 무너진 관계에서는 진실을 말해도 '진짜일까?' 하는 의심이 들어 회복하기가 어렵다.

| 넷째, 부모가 먼저 자신감 있는 모습을 보였는가?

'우리 아이는 왜 자신감이 없을까?' 하고 속상해하지 말고, 부모가 먼저 '나는 자신감이 있는가?'를 질문해 보길 바란다.

늘 하는 말이지만, 부모가 아이의 모델이 되어야 한다. 아이에게 "자신감을 가져!"라고 말할 것이 아니라, 자신감 있는 말과 행동을 보여주는 게 좋다. 자신감은 말로 배우는 것이 아니다. 실생활에서 부모를 통해 배울 때 아이는 자연스럽게 자신감을 갖는다.

| 다섯째, 다른 아이와 비교하지 않았는가?

"옆집 아이는 학원도 안 다니는데 과학경시대회 나가서 입상했대. 너는 학원까지 다니는 애가…", "고모 딸은 내내 1등만 하더니 이번에 영재반에 들어갔다더라. 너는 언제 걔 따라갈래?" 등 대수롭지 않게 하는 말들이 아이의 자신감을 떨어뜨린다. 비교 대상은 늘 무언가를 뛰어나게 잘하는 아이기 때문이다.

'내 아이의 자신감 꺾기'가 목표라면 모를까, 그런 게 아니라면 비교하는 말은 절대 하지 말아야 한다. 의도하지 않았는데 얼떨결에 비교하는 말이 나왔다면 곧바로 아이에게 사과한다. 너무 높은 목표, 기대하는 말투로 아이에게 부담을 주는 것도 자신감을 떨어뜨리는 원인이다.

파란 사과와 빨간 사과는 비교할 수 있지만, 사과와 배는 비교 대상이 아니다. 서로 다르기 때문이다. 세상에 똑같은 사람은 없다. 사람과 사람 또한 비교 대상이 아니다.

옳고 그름을 판단할 수 있는 가치관을 세우다

"가치관은 몇 살 때 만들어지나요?" 하고 묻는다면 딱 꼬집어 말하기 어렵다. 하지만 적어도 10세 이전에는 가치관의 기초를 만들어야 하며, 사춘기를 겪는 동안 형태를 갖춰간다. 그리고 죽을 때까지 그 가치관을 다듬어가야 한다.

호기심이 왕성하고 학습이 가능한 2~3세 시기에는 생활 속에서 가치관 교육을 시작한다. 이 시기의 가치관 교육은 '도덕 교육'으로 보아도 무방하다. 무엇이 옳고 그른가, 무엇이 바람직한가, 무엇을 하지 말아야 하는가처럼, 양심이나 관습에 따라 지켜야 할 행동을 알려주는 것이기 때문이다.

4~7세 사이에는 어린이집, 유치원 등에서 사회생활을 하면서 다양한 경험을 쌓고 새로운 것을 배운다. 예절과 규칙의 중요성, 양보와 협동이 왜 필요한지도 알게 된다. 어떻게 하면 칭찬을 받고 어떤 행동을 하면 꾸지람을 듣는지, 친구는 나의 어떤 면을 좋아하는지도 깨닫는다. 그렇게 아이의 머리와 마음에 야트막하게 기초가 쌓인다.

그리고 초등학교에 입학한 8세부터 10세까지는 가치관의 기초를 보다 단단히 다지는 것이 중요하다. 기초가 튼튼하면 다른 사람에게 휘둘려 상처를 받거나 흔히 말하는 '멘붕'에 빠지지 않는다. 행동에 일관성이 있고 예측이 가능하다.

아이에게 가치관을 가르치는 것은 부모의 몫이다. 여태 아이를 양육한 방식도 부모의 가치관에 따른 것이고, 자라는 동안 아이는 끊임없이 부모의 가치관을 보고 들었다. 은연중에 이미 씨앗이 뿌려진 것이다.

이런 얘기를 하면 '어머, 그러면 안 되는데….' 하고 당황하는 엄마가 많다. 내가 만난 엄마들은 대개 자신의 '~관觀'에 대해 자신감이 부족하고 주눅이 들어 있었다.

"왜요, 아이가 부모 닮는 게 이상한가? 당연하지!" 하면서 웃어 넘기지만, 혹시 어릴 때부터 그들의 관점이나 견해가 존중받지 못했던 것은 아닐까 안타까운 마음이 들었다.

그러나 걱정할 필요는 없다. 씨앗을 심는 것은 부모의 몫이지만 싹을 틔우는 것은 아이의 노력이고, 싹이 자라도록 햇볕과 물을 주는 것은 부모의 역할이지만 어떤 방향을 향해 어떤 모습으로 자랄지는 아이의 역량이다. 다만 올곧게 자라도록 곁에서 지켜보고 격려해 주는 정성이 필요하다.

가치관 교육에 앞서 부모가 먼저 자신의 상태를 점검해 보아야 한다. 상황이나 기분에 따라 좌지우지되지 않고 일관성을 유지하고 있는지, 주관적인 감정에서 벗어나 객관성을 유지하고 있는지, 아이의 생각을 존중하고 이해할 마음의 자세가 되어 있는지, 주입식 교육이 아니라 아이 스스로 생각할 수 있도록 충분히 기다려줄 수 있는지…. 마치 변호사와 검사의 이야기에 귀 기울이되 법률의 기준을 세워 판결하는 판사처럼, 가치관 교육에는 '원칙'과 '기준'이 필요하다.

가치관 교육의 기본은 책 읽기

가치관은 주입식으로 만들어지는 것이 아니라 간접적으로 만들어진다. '물을 아끼자' 하고 머리로 외우는 것이 아니라 '온난화 현상으로 지구가 점점 말라가고 있어서 미래에는 사람들이 살 수 없을지도 몰라. 미래 사람들을 위해 물을 아껴야지' 하고 머리와 마음이 함께 움직이면서 가치관이 만들어진다.

좋은 강의를 듣거나 훌륭한 사람을 만나 대화를 나누는 것도 좋지만, 아이의 가치관 교육에는 책만큼 효율적인 도구가 없다.

'가치관 교육'이라고 해서 어려운 철학이나 인문학을 다룬 책을 읽어야 하는 것은 아니다. 어릴 때부터 익숙하게 읽었던 전래동화와 이솝우화 그리고 위인전기 등이면 충분하다.

전래동화에는 대개 권선징악, 인과응보, 효와 우애, 성실, 정직, 책임감, 용기, 기지, 배려심 등 아이에게 필요한 가치관이 담겨 있다. 우화는 동물이나 식물을 의인화하여 사람들의 잘못된 행동이나 생각을 풍자하고 유머 속에 교훈을 준다. 또한 훌륭한 위인들의 삶을 다룬 위인전을 읽으면 고난을 이겨내고 마침내 뜻을 이루는 굳은 의지를 배울 수 있다.

동화책은 기승전결에 따라 이야기가 흥미진진하게 이어지고, 아이의 눈높이에 맞춰 감동과 재미를 더하기 때문에 마음속에 오래 남는다. 그리고 필요한 순간에 가치관의 기준으로 작용한다.

"선과 악, 그런 것도 배워야 하나요? 당연히 아는 것 아니에요?" 하고 생각하기 쉽지만, 세상에 당연한 것은 없다. 작은 것 하나도 배워서 익혀야 하며, 처음을 잘못 익히면 바로잡기가 어렵다.

『선녀와 나무꾼』에서 선녀의 옷을 몰래 감춘 나무꾼은 좋은 사람일까, 나쁜 사람일까? 『흥부와 놀부』에서 흥부는 어떤 사람일까? 『아낌없이 주는 나무』를 읽으며, 내가 나무라면 어떤 마음으로 아이에게 모든 것을 내주었을까?

표면적인 내용뿐만 아니라 이면에 감추어진 의미까지 함께 생각해 보고, 아이가 다양한 관점을 갖도록 대화를 나누는 것이 바람직하다.

예를 들어 『선녀와 나무꾼』에서 나무꾼은 효자이며 화살에 맞은 불쌍한 사슴에게 온정을 베푼 마음씨 착한 사람이다. 그러나 선녀가 목욕하는 모습을 훔쳐보고 더군다나 옷을 몰래 감춘 것은 나쁜 짓이다.

선녀의 관점에서 보자면, 선녀는 목욕을 하러 왔다가 나무꾼이 날개옷을 숨기는 바람에 하늘나라로 돌아가지 못했다. 아는 사람 하나 없는 낯선 곳에서 생전 처음 보는 사람과 결혼해 살아야 하니 그 마음이 어떠했으랴.

아이와 다양한 관점으로 이야기를 나눈 다음 『선녀와 나무꾼』을 새로운 버전으로 각색해 보는 것은 어떨까? 착한 나무꾼이 사슴의 도움으로 선녀를 만나되 날개옷을 숨기는 형식이 아니라, 선녀의 눈에 잘 띄게 꽃길을 만들어 나무꾼의 집까지 오도록 한 다음 용감하게 프러포즈를 하는 식으로 말이다.

아이가 상상력을 발휘하여 모두의 해피엔딩을 만들도록, 엄마는 옆에서 열심히 맞장구쳐 주면 된다. 앞뒤가 안 맞아도, 말이 안 되어도 괜찮다. 동화의 세계에서는 그 모든 것이 가능하다.

훌륭한 질문이 사고력을 키운다

아이가 어릴 때는 부모가 잠자리에서 동화책을 읽어주었고, 아이가 한글을 읽기 시작하면 아이 혼자서 책을 읽는다. 하지만 책으로 가치관 교육을 할 때는 부모와 아이가 함께 책을 읽는다.

책을 다 읽은 다음 감동적인 말이나 인상 깊은 문장에 밑줄을 긋는다. 아이는 아이대로, 엄마는 엄마대로 밑줄을 그은 다음 왜 그렇게 생각하는지 서로의 생각을 듣는다. 책의 내용을 잘 이해하고 있는지 물어보고, 주제에 대해서도 이야기한다.

"사랑은 좋은 건데, 왜 임금님은 견우와 직녀를 은하수 동쪽과 서쪽으로 갈라놓았을까?", "음력 7월 7일에 까마귀와 까치가 하늘에서 다리를 만든다는데, 진짜인지 한번 찾아볼까?", "옛날이 아니라 요즘 태어났더라면, 견우와 직녀는 어떤 직업을 갖고 있었을까?" 동화를 다양한 시각으로 바라보도록 질문을 던지고, 아이가 생각하고 대답할 수 있도록 충분히 기다려준다. 아이의 생각에 대해 옳다, 그르다 판단하지 말고 '아, 너는 그렇게 생각했구나!' 하고 귀 기울이는 것이 중요하다.

위인전기는 업적 위주보다는 위인의 입장이 되어 감정에 공감하는 데 주력한다. 위인전기를 읽는 이유는 위인의 마음과 생각을 배우기 위해서지 몇 년도에 어떤 업적을 남겼는지를 외우기 위해서가 아니기 때문이다.

"위기의 순간 나라면 어떻게 행동했을까?", "성공했을 때 기분이 어땠을까?", "지금 살아 있다면 우리들에게 꼭 해주고 싶은 말이 무엇일까?" 등 감성적으로 접근할 수 있도록 질문한다.

책을 통해 가치관 교육을 할 때 가장 중요한 것은 '생각하는 힘'을 기르는 것이다. 생각하는 힘은 지식과 경험에 감성이 더해져야 비로소 완성된다.

책이 단순히 지식의 전달 수단이 아니라 간접 경험의 도구이자 대리 감정을 느낄 수 있는 매개가 되도록 하려면, 부모가 먼저 책을 읽고 충분히 생각해야 한다. 생각하는 부모가 아이에게 훌륭한 질문을 할 수 있다. 그리고 아이가 자기의 생각을 주저 없이 말할 수 있도록 여유 있게 기다려줄 수 있다.

아이가 책을 읽고 무엇을 느꼈는지, 어떤 교훈이나 지식을 얻었는지보다 책을 얼마나 많이 읽었는지를 중요하게 생각하는 부모가 있다. 그러나 글자만 읽는 독서는 큰 의미가 없다. 한글을 익히는 시기에는 도움이 되겠지만 가치관을 만들어가야 할 시기에는 생각하는 시간을 더 많이 가져야 한다.

마찬가지로, 어려운 책이라고 해서 좋다고 할 수 없다. 쉽게 읽히는 동화 중에서, 기존에 읽었던 책도 다시 읽으면 새롭게 다가올 때가 있다. 처음에는 미처 생각하지 못한 것을 발견하면서 아이의 사고가 깊고 단단해진다. 스스로 옳은 선택을 할 수 있도록 사고력을 길러주는 것이 관건이다.

그 어느 때보다 정서적인 안정이 필요하다

예비초등맘 카페에 가장 많이 올라오는 질문은 아이의 학습 능력에 관한 것들이다. 대개가 '우리 아이는 아직 두 자릿수 덧셈밖에 못 하는데, 다른 아이들은 어떤가', '한글은 알지만 영어는 아직 모르는데 이대로 학교에 들어가도 문제는 없을까', '교과서를 가지고 선행 학습을 해서 보내야 하는가' 등, 수업 시간에 내 아이가 뒤처지지는 않을까 고민이다.

그다음이 아이가 사회성이 부족하다, 내성적이다, 너무 순하다, 자기 의사 표현을 못한다, 체격이 또래보다 작다 등, 하나부터 열까지 물가에 내놓은 아이 걱정이다.

반면 초등학교 1학년 교사들은 다른 고민을 한다. 아이가 학교에 와서 친구들과 별 탈 없이 지내고, 맛있게 급식을 먹은 다음, 건강하게 집으로 돌아가는 것, 그것이 최고의 목표다. 무척이나 단순해 보이는 이 목표가 초등학교 1학년의 최우선 과제다. 학교에 들어가면 선생님이 지식을 가르치고 아이를 똑똑이로 만들어줄 것이라는 기대는 애당초 부모의 착각이다.

초등학교 저학년 교육 목표는 두 가지다. 첫째, 기본 생활 습관 형성, 둘째 기초 학습 능력 배양이다. 기본 생활 습관이란 쓰레기는 쓰레기통에 버리고, 밥을 먹을 때는 한자리에 앉아서 먹고, 물건을 쓴 다음에는 제자리에 가져다 놓고, 자기 물건을 자기 사물함에 가져다 두는 것 등이다. 그리고 기초 학습 능력이란 수업 시간에 제자리에 앉아 있기, 연필을 똑바로 쥐고 글씨 쓰기, 가위로 선 따라 오리기, 선생님의 구호에 따라 행동하기 등이다.

한 반에 스무 명 남짓, 여덟 살 꼬맹이들 데리고 그 정도 하기가 뭐 어렵겠느냐고 생각하는 사람이 있겠지만, 실제로 1학년 교실에 가보면 그 말이 쏙 들어간다. 특히 학기 초는 한마디로 아수라장이다.

의자에 앉아서도 가방을 그대로 멘 채 엎드려 있는 아이, 책상 사이를 정신없이 뛰어다니는 아이, 대걸레를 들고 교실을 휘젓고 있는 아이, 교실 바닥에 앉아 엉덩이로 바닥을 쓸고 다니는 아이, 책가방 가득 아끼는 인형을 넣어 가지고 온 아이…. 선생님이 "얘들아, 자리에 앉자!" 하고 말해도 그다지 신경 쓰지 않는다. 큰 소리로 이름을 호명하거나 교탁을 내려쳐야 그때서야 움찔하고 슬금슬금 눈치를 본다.

오죽하면 〈EBS 극한직업 플러스〉에서 '초등학교 1학년 선생님'편을 다루었을까. 그 프로그램에서는 초등학교 1학년 교실을 있는 그대로 보여주면서 선생님의 역할에 초점을 맞추고 있었다.

"많은 부분을 말해줘야 하고, 이런 것까지 해줘야 하나 싶은 것까지 챙겨줘야 해요."

선생님은 저마다 다른 아이들을 배려하며 챙겼다. 무엇보다 인상 깊었던 것은, 영 불편한 표정으로 책상에 엎드린 채 꼼짝도 하지 않는 한 아이를 대하는 선생님의 태도였다. 시청자가 답답할 만큼 아무런 반응을 보이지 않는 아이, 선생님의 질문에도 귀를 닫고 세상과 담을 쌓은 듯한 그 아이를 선생님은 달래고 어르면서 도닥거렸다.

아이의 부모와 통화를 한 선생님은, "마음이 불편해도 학교에 있어야 할 것 같아. 잘할 수 있지?" 하고 아이를 보듬어 안았다. 그 아이의 마음이 왜 불편했는지는 모르겠다. 하지만 선생님이 자기 마음을 알아준 데 마음이 풀려, 잠시 뒤 다른 친구들과 자연스럽게 어울리기 시작했다.

여덟 살, 그 나이의 아이에게 학교는 안전하고 편안한 곳이 아니다. 부모님도 없고 자기에게 익숙한 물건도 없다. 규칙과 통제 속에 움직여야 하고, 새로운 것을 배우고 익혀야 한다. 그 모든 것이 스트레스 상황이다. 심한 아이는 이 때문에 틱 장애를 겪기도 한다. 건강보험평가원의 통계에 따르면, 2021년 틱 장애로 진료를 받은 환자의 수는 23,823명으로, 전년에 비해 15퍼센트 증가했다. 그중 10대가 41퍼센트로 가장 많았고, 10세 미만이 40퍼센트로 뒤를 이었다. 특히 초등학교 입학 시기인 만 7세, 사춘기에 접어드는 만 10세 전후에 환자 수가 두드러지게 늘었다.

틱 장애 치료를 위한 처방으로, 약물과 함께 심리·정서적 안정을 강조한다. 낯설고 불안한 환경에 적응하기 위해 애쓰는 여덟 살 아이를 끌어안고 토닥토닥 응원해 주자.

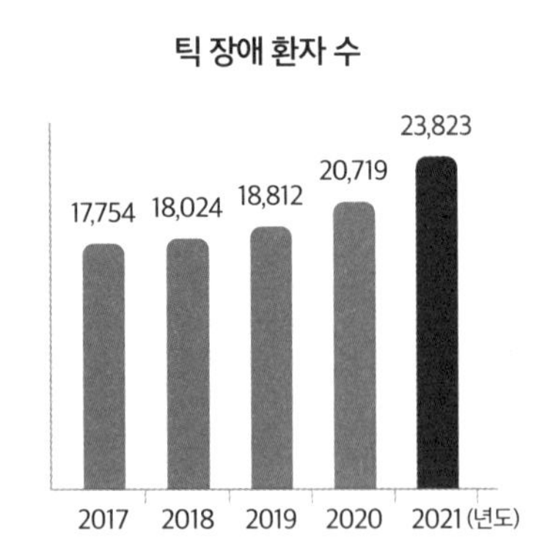

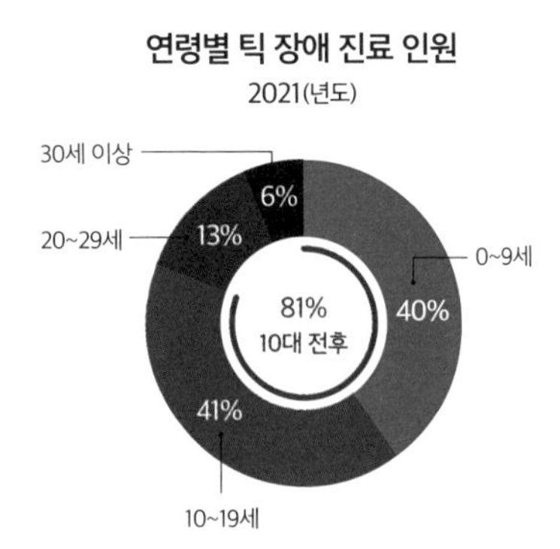

정서가 건강한 아이가 공부도 잘한다

흔히 머리가 좋은 아이가 공부를 잘한다고 생각한다. 그러나 '머리가 좋다'라는 평가는 기준에 따라 다르다. 암기력이 좋은 사람을 머리가 좋다고 말하기도 하고, 응용력이나 수리력, 공간지각력, 어휘력이 좋은 사람을 그렇게 평가하기도 한다. 이 모든 것을 종합해 평가한 것이 지능지수IQ이므로, 바꿔 말하면 'IQ가 높은 아이가 공부를 잘한다'라고 할 수 있다.

과연 IQ와 성적은 비례할까? 우리나라 최고의 대학으로 손꼽히는 서울대학교 학생들은 우리 국민의 평균보다 IQ가 높을까?

자료에 의하면 우리나라 사람의 평균 IQ는 106, 서울대 학생들의 평균 IQ는 117이라고 한다. 평균보다 높긴 하지만 눈에 띌 정도의 차이는 아니다. 특히 서울대생 3,121명을 추적한 결과, 17퍼센트만이 특별했고 나머지 83퍼센트는 평균 수준이었다.

결론부터 말하자면, 많은 학자들의 연구 결과 IQ와 성적의 상관관계는 10.2퍼센트에 불과하다. IQ 160의 천재로 알려진 알베르트 아인슈타인 역시 학창 시절 성적이 부진했으며, 대입에 낙방하여 재수를 하였다.

물론 IQ가 높은 아이가 공부를 잘할 확률 또한 높다. 그러나 IQ가 높다고 해서 다 공부를 잘하는 것은 아니다. 한 TV 프로그램에 소개된 슈퍼브레인 남매의 사례만 봐도 알 수 있다.

말도, 발달도 또래보다 늦은 쌍둥이 남매 영한이와 예지가 걱정스러워 지능검사를 한 결과 놀랍게도 두 아이의 IQ는 각각 155와 158이었다. 평범하다 못해, 오히려 또래들이 따라가기도 힘든 IQ를 가진 슈퍼브레인 남매를 두고 부모는 충격과 고민에 빠졌다.

그저 건강하게 자라는 것만으로도 고마운 것이 부모 마음이지만, 아이들의 IQ가 턱없이 높게 나오자 '혹시 똑똑한 아이들을 내가 잘못 키우고 있는 것은 아닌가? 재능을 놓치고 있는 것은 아닌가?' 하는 걱정이 앞선다.

그때 전문가가 나서서 이런 조언을 한다.

"아이들이 잘하는 것을 어떻게 찾아줘야 할지 고민하지 말고, 애들이 좋아하는 것이 무엇인지를 찾아보세요."

아이들은 좋아하는 것을 할 때 집중하고, 정서적으로 안정돼 있으며, 잘한다. 내 아이를 가장 잘 키우는 방법은 그것을 찾아주는 것이다.

감정이나 정서가 학습에 미치는 영향을 알아보기 위해 〈EBS 다큐프라임〉 '공부 못하는 아이-마음을 망치면 공부를 망친다'편에서는 한 가지 실험을 하였다.

성적이 비슷한 아이들을 두 그룹으로 나누어, A그룹은 일주일 동안 가장 기분 나쁘고 화나는 일 다섯 가지를 적도록 하고, B그룹은 일주일 동안 즐겁고 행복했던 일 다섯 가지를 적으라고 했다. 그런 다음 수학 시험을 치렀다. 그 결과 두 그룹의 점수 차이는 평균 5점으로, 긍정적인 생각을 떠올린 그룹이 더 높았다.

이에 전문가는, "이성과 감성이 서로 다른 것이라고 생각하지만 사실은 밀접한 관계 있다"라고 말하였다. 그래서 긍정적인 정서를 가지면 뇌의 전두엽 전체가 활성화되면서 확장적 사고를 하게 되고, 학습 능률이 높아져 성적이 잘 나온다는 것이다. 반면 부정적인 감정은 뇌의 사고력을 좁히며 동기 유발과 기억력까지 침체시킨다.

그래서 아무리 좋은 유전자를 가지고 태어나도 지속적으로 스트레스를 받고 부정적인 감정에 노출되면 공부를 못할 수밖에 없다. IQ가 아니라, 아이가 공부를 할 때 어떤 마음인가에 따라 성적이 달라진다.

초등학교에 입학하면, 부모는 물론 아이도 시험과 성적에 신경을 많이 쓴다. 특히 인정 욕구가 강한 아이, 경쟁심이 강한 아이일수록 성적에 집착한다. 시험 문제 하나 틀렸다고 울고, 자책하고, 앓아눕는 아이도 있다.

"애 아빠랑 저는 안 그러는데, 오히려 아이가 난리예요. 집에 와서 밥도 안 먹고 이불 뒤집어쓰고 하루 종일 울었어요. 시험 문제 하나에 목숨 건 애 같다니까요."

사실 요즘은 이런 아이들이 꽤 여럿이다. 어릴 때부터 칭찬에 익숙하기 때문에, 자기는 당연히 '좋은 성적(칭찬)'을 받으리라고 기대한다. 하지만 예상과 달리 성적이 좋지 않을 때, 자신에 대한 실망감과 더 이상 칭찬을 듣지 못할 것이라는 불안감을 갖는다.

현명한 엄마라면 아이에게 질문해야 한다.

"시험은 왜 보는 걸까?"

이것은 부모와 아이가 함께 생각해 볼 문제다. 시험은 아이들을 등수대로 줄 세우기 위한 수단이 아니다. 학교는 인생을 살아가는 데 필요한 것을 배우는 곳이며, 시험은 그것을 제대로 알고 있는지 확인하는 과정이다. 제대로 알지 못해서 시험 점수가 나빴다면 틀린 것을 다시 공부해서 제대로 알면 된다. 만약 아이가 50점짜리 시험지를 들고 "잘못했어요" 하고 눈물을 뚝뚝 흘린다면, 다정한 목소리로 말을 건네자.

"잘못하긴 뭘 잘못했다고 그래. 괜찮아, 일부러 그런 것도 아니고 몰라서 틀린 건데. 하지만 모르는 문제는 다음에 또 틀릴 수 있으니까 엄마랑 같이 풀어보자."

이것이 판사 같은 엄마의 역할이다.

4

싫은 일을
좋은 일로 바꾸는 대화법

10세 미만, 즉 초등학교 저학년 때가 공부 습관을 만드는 결정적 시기다. 이때 어떤 습관을 만드느냐에 따라 공부할 때 아이의 자세가 달라진다.

학교에서 돌아온 아이는 책가방을 벗어던지기가 무섭게 소파에 벌러덩 드러눕거나 "배고파요, 간식 주세요!" 하고 식탁으로 달려온다.

"학교 다녀왔으면 손 먼저 씻어야지."

"학교에서 씻고 왔어요."

"그래도 집에 오는 동안 여기저기 만지면서 왔을 거 아냐. 집에 들어오면 제일 먼저 손부터 씻는 거야. 그게 우리 집 규칙이야."

생활 속 사소한 행동을 습관으로 만들면 서로가 피곤한 잔소리를 줄일 수 있다.* 공부 습관도 마찬가지다. 습관으로 만들면, 엄마가 따로 잔소리를 하지 않아도 아이 스스로 습관에 따라 움직인다. 반면 습관이 배지 않은 상태에서 엄마가 '공부' 얘기를 꺼내는 순간, 아이는 잔꾀를 내기 시작한다.

"간식 먹었으면 얼른 숙제부터 하고 놀아야지."

"놀고 나서 숙제하면 안 돼요?"

"안 돼. 숙제가 먼저야. 숙제 다 하고, 엄마한테 검사받은 다음에 놀아."

"왜 숙제가 먼저예요? 먼저 놀면 안 돼요?"

"말대꾸하지 말고, 엄마 말 들어라. 낮에는 팽팽 놀다가 밤이 돼서야 숙제 펼칠 거고, 그러다가 졸리면 대충대충 엉망진창으로 하려고 그러지?"

"안 그럴 건데…."

"안 그러긴! 안 봐도 뻔하다! 빨리 알림장 가져오고 숙제 꺼내."

놀겠다는 아이와 숙제가 먼저인 엄마. 어느 집이나 흔히 겪는

- 생활 습관을 만들 때는 생활계획표를 만들어 두고 지켜가는 것이 좋다. 3장 152쪽 참조

실랑이다. 그리고 이 실랑이에서 승자는 언제나 엄마다. 어떻게든 숙제를 먼저 시키고야 말겠다며 안 봐도 뻔하다는 관심법觀心法을 쓰는 엄마를 아이는 이길 재간이 없다.

그러나 엄마의 일방적이고 강압적인 태도는 아이의 반발심을 부추긴다. 어릴 때는 아무 말 없이 엄마의 뜻을 잘 따르던 아이가, 초등학교에 입학하더니 "그걸 왜 엄마가 결정해요?" 하고 따져서 당황했다는 분들이 많다. 그리고 고학년으로 올라갈수록 아이는 더 많은 부분에서 결정권을 주장한다.

사소하게는 학용품이나 학교에 입고 갈 옷을 고르는 것부터 시작해서 친구 관계, 귀가 시간까지 마음대로 하길 원한다.

"학교 끝난 지가 언젠데 지금 와? 어디 가면 간다고 전화를 하든지."

걱정스러운 마음에 한마디 하면 "간섭하지 마!"라는 심통스러운 대답이 돌아온다. 때로는 생각지도 못한 유창한 말로 엄마를 설득하고 주도권을 잡으려고 한다.

착했던 아이가 학교 들어가더니 변했다, 초등학생 사춘기가 온 것 같다, 청개구리 짓을 해서 속에서 불이 난다 등 아이와의 주도권 겨루기로 초등학생 엄마들의 스트레스도 이만저만이 아니다.

하지만 아이의 말이 틀린 것은 아니다. 자신의 문제를 자기가 결정하겠다는데 무엇이 문제인가! 죽고 사는 문제(?), 다치거나 남에게 피해를 주지 않는 선에서라면 아이가 자신의 일을 결정하고 책임질 수 있도록 지지하고 믿어주자. 아이는 부모가 믿는 만큼 해낸다. 단, 결정한 다음 그 책임 또한 본인의 몫임을 설명한다.

학교에서 돌아온 아이에게 숙제하라고 다그치지 말고, 무엇을 할 것인지 아이가 선택하고 결정하도록 한다.

"오늘 할 일이 무엇 무엇이야?"

"지난번에 만들다가 실패한 비행기 다시 조립할 거야. 짝하고 팽이 바꾸기로 했는데 어떤 걸 줄지 찾아봐야 하고…. 참, 알림장에 엄마 사인 받아야 할 거 있어. 그리고 숙제는 색종이로 딱지 열 개씩 접는 거야. 그걸로 뒤 칠판 예쁘게 꾸밀 거래."

"그렇구나. 오늘 할 일은 네 가지네. 그럼 그중에서 어떤 거 먼저 할 거야? 순서 정해봐."

"비행기 조립을 제일 먼저 할 거야. 아니다, 알림장 사인 받는 거 먼저 하고, 비행기 조립할 거야. 그다음에 팽이 찾고, 딱지 접을 거야."

"비행기 조립을 제일 먼저 하고 싶구나. 네 일이니까 그렇게 해. 그런데 엄마 생각에는 숙제 먼저 하고 노는 게 더 기분 좋지 않을까? 놀다가 숙제 못 할까 봐 불안하지 않아?"

아이의 의견을 존중하되 엄마의 생각을 말하고 조율하는 것은 괜찮다. 이것은 강요가 아니라 대화다. 만약 아이가 곰곰이 생각하더니, "그럼 숙제 먼저 할게"라고 한다면 좋은 것이고, 숙제를 나중에 한다고 해도 걱정할 것은 없다. 아이는 자기의 결정을 지키기 위해 노력할 테니 말이다. 공부도 마찬가지다.

"너 지금 문제 풀다 말고 뭐 하는 거야? 집중해야지, 집중!"

"화장실 다녀올게요."

"좀 전에 갔다 와놓고 뭘 또 가. 딴짓하지 말고 어서 문제 풀어."

"아아, 좀 쉬었다 하면 안 돼요?"

"문제 풀고 쉬어."

"머리도 아프고, 배도 아프고…."

"그럼 여기 한 장만 더 풀고 쉬었다가 저녁 때 마저 해."

"하기 싫은데…."

"공부를 좋아서 하는 사람이 어디 있어? 하기 싫어도 해야지."

"하기 싫은데 왜 해야 해요?"

이때 "그래? 하기 싫어? 그럼 하지 마!" 하고 말할 수 있는 엄마가 몇이나 될까? 대개는 "미래를 위해서 하기 싫어도 참고 열심히 공부해야 1등 할 수 있어"라고 강요하거나, "너 꼴등해서 친구들한테 놀림받고 싶어? 공부 안 하면 나중에 노숙자 되는 거야"라는 식의 협박을 할 것이다.

"공부, 공부, 공부! 엄마는 만날 공부만 하래. 내가 하고 싶은 건 다 하지 말라고 하고. 엄마는 나를 괴롭히는 게 취미인가 봐."

"엄마 위해서 공부하니? 널 위해서 공부하는 거지! 다 너 잘되라고, 나중에 행복하게 잘 살라고 엄마가 이러는 거야."

어릴 때 귀에 못이 박히도록 들은 잔소리다. 엄마 아빠 그리고 세상의 어른들 모두가 그런 소리를 들으면서 자랐다. 그리고 그런 말을 들었을 때의 기분을 모두가 기억할 것이다.

'순 거짓말. 난 하나도 행복하지 않은데, 날 위해서라니!'

분명 내 아이도 그렇게 생각하고 있을 것이다.

싫은 일을 기분 좋게 하기는 힘들다. 그렇다면 방법은 두 가지! 안 하거나 '싫은 일을 좋은 일로 바꾸는 것'이다. 공부를 싫어하는 아이의 관점을 바꾸려면, 먼저 엄마의 관점부터 바꾸어야 한다.

재미있게 공부하는 다섯 가지 방법

첫째, 9대 1의 법칙이 있다

글자든 숫자든, 아이가 한 가지를 익히면 다음 단계로 넘어가는 것이 순서다. 하지만 그 시기가 중요하다. 조급하게 서둘러 달리다 보면 넘어지는 수가 있다.

예를 들어 아이가 두 자릿수 덧셈 뺄셈을 할 줄 안다고 해서 곧바로 세 자릿수 덧셈 뺄셈으로 넘어가서는 안 된다. '할 줄 아는' 정도가 아니라 '잘하는' 정도가 될 때까지 두 자릿수 문제를 반복해서 풀어야 한다.

아이 수준에 맞거나 그보다 쉬운 문제를 주고, 아이가 '그 정도야 누워서 떡 먹기지' 하고 자신감을 가질 때쯤 다음 단계로 넘어간다.

물론 이때도 갑자기 훌쩍 뛰어넘어서는 안 된다. 처음에는 두 자릿수 아홉 문제에 세 자릿수 문제를 하나 섞어서 넣는 정도가 적당하다. 그래야 세 자릿수 문제를 틀린다고 해도 나머지 아홉 문제를 다 맞힐 수 있기 때문에 좌절하거나 자신감을 잃지 않는다.

만약 세 자릿수 문제를 맞혔다면 그다음에는 두 자릿수 문제 여덟 개에 세 자릿수 문제 두 개를 섞어서 넣는다. 그렇게 하나씩 늘려가면서 아이에게 자신감을 불어넣는다.

다른 과목도 마찬가지다. 한글도, 영어 단어도 반복해서 익힌 다음 9대 1의 법칙에 따라 하나하나씩 늘려나간다. 이 방법이 답답해 보일지 모르지만, 아이가 자신감을 가지면 그다음부터는 가속도가 붙는다.

▎둘째, 원칙과 순서를 알려준다

초등학교 1학년에게는 '빨리'가 중요하지 않다. '제대로'가 중요하다. 처음 배울 때 제대로 하지 않으면 실수가 이어진다. 원칙과 순서를 익히는 데 집중한다.

글자 획은 왼쪽에서 오른쪽, 위에서 아래, 원은 반시계 방향으로 쓰도록 한다. 그래야 글자를 반듯하게 쓸 수 있다. 특히 미음과 비읍을 쓸 때 한 획에 쓰지 말고 순서에 맞게 쓰도록 알려준다.

더하기와 빼기를 할 때, 귀찮더라도 올림과 내림의 순서를 일일이 알려준다. 답을 쓰기까지 시간이 조금 더 걸리지만 틀리지 않을 확률이 높다. 아이가 계산을 틀렸을 때, 답을 알려주지 말고 계산 방법과 순서를 바로잡아 준다.

"문제집 풀어서 가지고 와. 그러면 채점해 줄게"가 아니라 아이가 문제를 풀 때 엄마가 옆에 있어야 한다. 그래야 순서가 어디에서 잘못되었는지를 알고 바로잡아 줄 수 있다.

단, 엄마가 곁에 있는 것이 감시하기 위해서가 아니라 관심과 사랑임을 아이가 이해해야 한다.

▎셋째, 야금야금 공부한다

아무리 맛있는 음식도 한꺼번에 많이 먹으면 질리게 마련이다. 하물며 한자리에 앉아 한 시간, 두 시간씩 공부에 집중하라고 하면 즐거울 리 없다. 1학년 때부터 공부에 질려버리면 아이는 책상 앞에 앉는 순간 배가 살살 아파올 것이다.

초등학교의 경우 40분 수업에 10분 쉬는 시간으로 수업이 이루어지지만, 사실 초등학생 1학년의 집중 시간은 10~15분 정도밖에 되지 않는다. 그래서 선생님은 아이들을 집중시키기 위해 "조용히 해요", "자리에 앉아요", "엎드리지 말고 똑바로 앉아야지" 등의 훈계로 나머지 시간을 보내는 경우가 대부분이다.

학교에서는 어쩔 수 없다. 40분 동안 자리에 앉아 있는 것 자체가 교육이기도 하다. 그렇지만 적어도 집에서 공부할 때만큼은 아이의 상태에 맞는 시간 안배를 하는 것이 좋다.

초등학생 1학년의 경우 10분 공부하고 10분 쉬기, 2학년은 20분 공부하고 10분 쉬기…. 이런 식으로 학년에 0을 붙인 시간만큼만 공부를 하는 것이 좋다. 아이가 그 이상 공부하려고 해도, "우리 조금만 쉬었다가 다시 하자"는 말로 휴식을 권장한다.

"왜요? 아이가 더 하겠다고 하는데도 꼭 그래야 하나요?"

아시겠지만…. 아이들 마음속에는 청개구리 한 마리가 살고 있다. 하지 말라고 하면 더 하고 싶고, 하라고 하면 하기 싫어하는 청개구리. 아이가 더 공부하고 싶어 할 때 그만두라고 하면 청개구리가 폴짝 뛰어나와 "더 하고 싶어요" 하고 말할 것이다. 그 청개구리의 마음을 잘 헤아리는 엄마가 되기를 바란다.

❙ 넷째, '에디슨'이라고 칭찬해라

"이거 또 틀렸어? 몇 번을 가르쳐줬는데 또 틀리니? 정신 안 차릴래?", "잘한다. 이럴 줄 알았어. 노는 데 정신이 팔려서 엉망진창으로 했구나!"

같은 유형의 문제라고 해도 응용력이 떨어지면 틀릴 수 있다. 언어이해력과도 연관이 있어서, 문제를 이해하지 못해 틀린 답을 적기도 한다. 그러나 엄마 입장에서는 '이 쉬운 것'을 또 틀린 아이가 한심해 보인다. 그래서 화를 내고 핀잔을 주는 것이다.

관점을 바꾸어 '엄마'가 아니라 '나는 객관적이고 공정한 판사'라고 생각해 보자. 여덟 살짜리 아이가 똑같은 유형의 문제를 자꾸 틀렸을 때, 나는 그 아이에게 뭐라고 말할까? 내 아이에게 하듯 화를 내고 핀잔을 줄까? 분명 아닐 것이다. '판사'의 역할에 맞게 현명하게 대처할 것이다.

"얘야, 위인 중에 실패를 가장 많이 한 사람이 누구인지 아니? 그 사람은 바로 에디슨이란다. 전구 하나를 만들기 위해 1,200번 넘게 실수와 실패를 했대. 그렇게 많은 실수와 실패를 했기 때문에 전구를 만들 수 있었던 거야. 틀려도 괜찮아. 너는 에디슨처럼 훌륭한 사람이 될 거야."

위인들의 사례를 들거나 동화 속 이야기를 가져와 아이에게 설명하면 아이는 쉽게 공감하고 자신감을 갖는다. 그리고 잘하고 싶은 마음이 생겨날 것이다.

❙ 다섯째, 자랑을 귀담아들어 준다

사람은 누구나 관심받고 싶어 한다. 특히 아이는 부모로부터 끊임없는 관심과 사랑을 받고 싶어 한다. 그러나 엄마는 아이가 학원을 다녀왔는지, 숙제를 다 했는지, 준비물은 챙겼는지 등에만 집중해서 묻는다. 아이가 학교 급식을 짝보다 빨리 먹었다거나 하굣길에 만난 친구한테 딱지를 두 장 주었다는 식의 얘기는 귓등으로 듣는다. 별로 중요하지 않다고 판단해서다.

하지만 아이가 엄마에게 그 얘기를 하는 이유는 그 일이 자신에게 중요하기 때문이다. 그 일을 엄마에게 말하고, 칭찬을 듣고 싶었을 수도 있다.

아이가 무언가를 자랑하듯 말한다면, 하던 일을 멈추고 아이를 바라보면서 귀담아듣는다. 맞벌이거나 일이 바빠 현실적으로 불가능하다면, 하루 일과를 정리할 때 혹은 학교에서 돌아왔을 때 등 시간을 정하고 아이가 늘어놓는 자랑을 들어준다. 엄마가 자신의 말을 귀담아 듣는 동안 아이의 자존감이 성장한다.

캐스터네츠를 한 손으로 칠 수 있는 것, 반에서 키 번호가 중간보다 큰 것, 선생님 옷 색이랑 자기가 입은 옷 색이 같은 것 등도 아이에게는 자랑거리다. '그까짓 것'으로 치부하지 말고, 아이가 강조하는 부분에서 같이 고개를 끄덕여준다.

공부도 예외는 아니다. 아이가 지식을 자랑한다면 집중해서 들어야 한다.

"그걸 누가 모르니? 다 아는 걸 가지고!" 하는 태도로 아이를 무시하지 말고, 아주 쉬운 내용이라고 해도 처음 듣는 것처럼 듣는다. 구구단을 거창한 공식처럼 외워댄다면 거창한 것처럼 들어준다.

한 가지 주의할 점이 있다. 아이의 자랑을 듣고 칭찬할 때, 결과를 칭찬하기보다는 과정이나 본질을 칭찬해야 한다.

"엄마, 나 받아쓰기 100점 맞았어" 하며 신이 난 아이에게, "그래? 잘했네. 다음에도 100점 맞도록 열심히 공부해"라거나 "100점 맞은 친구가 몇 명이야?"라는 식의 반응은 삼간다.

"열심히 연습한 보람이 있네. 축하해"라거나 "이젠 어려운 받침이 있는 동화책도 혼자서 읽을 수 있고, 할머니한테 메시지도 잘 보낼 수 있겠구나"라는 칭찬이 아이를 '경쟁지옥'으로 몰아넣지 않는다.

5

10세, 부모로부터의 완전독립을 꿈꾸다

사람의 뇌는 뇌량을 사이에 두고 좌뇌와 우뇌로 나뉜다. 좌뇌는 쉽게 말해 '공부하는 뇌'다. 언어, 숫자, 논리, 순서, 직선, 분석과 관련되고 연속적, 습관적인 특징이 있다. 우뇌는 '놀이하는 뇌'다. 그림, 색상, 공간, 상상, 리듬과 관련되며, 총체적, 동시적, 창조적인 부분을 담당한다.

태어났을 때는 우뇌 100퍼센트인 상태지만 성장하면서 점차 좌뇌가 발달하고, 인생의 절반인 50세에 접어들면 좌뇌를 80퍼센트 이상 사용하게 된다. 즉 본능적이고 감각적으로 태어나서 이성적이고 습관적인 삶을 살다가 죽는 것이 인간의 삶이다.

연령별로 본 좌뇌와 우뇌의 사고 비중

	우측뇌	좌측뇌
1세	100%	0%
3세	80%	20%
6세	60%	40%
20세	45%	55%
50세	20%	80%

이 가운데 열 살은, 아이 성장의 터닝포인트가 되는 시기다.

아이는 생후 24개월이 지나고 의사 표현이나 행동이 자유로워지면 부쩍 "내가 할래!"를 많이 말한다. 입으로 들어가는 것보다 옷에 떨어뜨리는 밥이 더 많고, 물컵을 엎질러도 고집스럽게 "내가!"를 외치면서 독립 의지를 표현한다. 그리고 열 살 즈음이 되면 부모로부터 독립하려는 의지가 더욱 강해진다.

사춘기로 접어들기 전 마치 앞으로 벌어질 일을 예고하듯, 열 살 아이는 부모의 도움을 마다하고 '홀로서기'를 향해 나아간다. 그래서 아동문학가이자 유아교육 강사로 유명한 일본의 다카하마 마사노부는 『육아는 열 살을 경계로 바뀐다 子育ては,10歳が分かれ目』라는 저서에서 "더 이상 어제의 그 아이가 아니며, 열 살이면 독립적인 사고를 할 나이니 그만 간섭하라"라고 말한다.

스웨덴과 네덜란드에서는 열 살쯤 되는 아이들이 칼로 과일을 직접 깎아서 먹는다. 우리나라에서는 상상도 못 할 일이다.

"칼을요? 그러다 베이기라도 하면 어떡해요!"

어른도 자칫하면 칼에 손을 베이는데, 아이는 오죽하랴. 그러나 유럽의 부모는 아이가 다쳐도 가볍게 위로하고 격려한다. 그게 끝이다. 호들갑을 떨며, "다시는 칼 만지면 안 돼"라는 경고 따위는 하지 않는다. 어차피 살아가는 동안 칼을 안 만질 수도 없는 노릇이고, 가끔 다치기도 한다는 것을 다 안다. 그리고 한 번 손을 베인 아이는 다음에 칼을 다룰 때 더 조심하게 돼 있다.

하지만 칼에 손을 베인 아이가 겁을 먹고 다시 칼을 안 잡으려 한다면 억지로 강요할 필요도 없다. 칼을 사용해야 할 상황이 닥치면 그때 아이가 다시 선택할 것이다. '독립적'이 되어간다는 것은 스스로 선택하고 책임지는 것을 의미한다.

'고등학교를 졸업한 이후에도 부모와 함께 살았다. 그는 마마보이였다'라는 표현을 보고 고개를 끄덕이는 외국인들과 달리 우리나라 사람들은 고개를 갸웃한다.

"왜? 당연한 거 아냐?"

우리나라 부모가 가장 힘들어하는 점이 바로 이것이다. 외국은 성인이 되면 부모의 집을 떠나 독립하는 것을 당연하게 여기는 반면, 우리나라는 결혼하기 전까지 혹은 결혼 이후에도 부모와 함께 사는 경우가 종종 있다. 자녀가 분가하더라도 부모는 가사와 육아를 자처하면서 자녀의 집을 수시로 드나든다. 몸은 독립하였지만 심리적으로 독립이 안 된 상태다.

대표적인 사례로 캥거루족을 손꼽을 수 있다. 외국에서는 캥거루족을 '자기 결정을 못 하고, 자립심이 없으며, 혼자 살아가기에는 부족한 인간'으로 취급한다. 그러나 신기하게도, 우리나라 부모의 시각은 남다르다.

우리나라에서는 이런 자녀가 '독립하지 못한 존재'가 아니라 자타가 공인하는 '효자'로 둔갑한다. 마흔이 넘어서도 부모에게는 아직 어린애 대접을 받고, 엄마는 늙어가는 아들의 양말과 속옷을 빨면서도 이상하게 여기지 않는다. 왜냐하면 자녀뿐만 아니라 부모 또한 '독립하지 못한 존재'이기 때문이다.

자녀가 부모로부터 독립을 하는 것도 중요하지만, 그 이전에 부모가 자녀로부터 독립해야 한다. 아이가 성인이 되었을 때, 아이와 부모의 독립이 함께 이루어져야 서로에게 의존하지 않고 건강하게 살아갈 수 있다.

〈마더쇼크〉, 〈파더쇼크〉, 〈가족쇼크〉 등 EBS 다큐프라임을 연출한 김광호 PD는 "육아育兒(아이를 키우는 것)란 육아育我(나를 키우는 것)다"라는 말을 자주 한다. 아이를 키우는 것과 나를 키우는 것이 같다는 말로, 아이의 독립이 곧 나의 독립을 의미하기도 한다.

아이가 부모로부터 완전한 독립을 꿈꾸는 나이 10세! 그때 아이가 독립 의지를 불태운다면 마음껏 꿈꾸도록 응원하라. 건강한 독립심은 자존감을 높인다.

고집이 센 게 아니라 독립심이 강한 것이다

"열 살이면 혼자서 버스도 잘 타고 다닌다던데, 우리 애는 아직까지 학교도 데려다줘야 하니 걱정이에요."

엄마는 아침마다 아이 챙기랴, 옷 갈아입고 주차장까지 달려가랴 정신이 없다. 걸어서 15분 거리에 있는 초등학교까지, 날마다 아이를 차로 데려다주고 데려온다.

"왜 데려다주세요?"

"애가 못 가요. 한 번도 안 가봤어요."

"왜 못 가요? 혼자서 가라고 말은 해보셨어요?"

"걸어서는 한 번도 안 가본 길인데, 가다가 길 잃어버리면 어떡해요."

아이에게 기회조차 주지 않고 엄마는 아이가 못 한다고 탓한다.

등교 시간, 비슷한 시간대에 친구들도 학교에 간다. 그 길에서 벗어나 봤자 누군가의 눈에 띄게 마련이다. 학교까지 걸어가는 시간 동안 친구를 만나 대화도 하고, 동네와 골목을 익힌다. 동네가 익숙해지면 돌아다닐 수 있는 범위가 더 넓어지고, 그러다가 버스도 타고 지하철도 탈 수 있게 되는 것이다.

마이크로소프트의 창업주인 빌 게이츠의 아버지는 신문 인터뷰를 통해 "고분고분하지 않고 까다로우며 따지기 좋아하는 빌의 성격이 드러난 것은 11세 때였다"라고 회상했다.

빌의 엄마는 자녀들에게 기대가 컸다. 아이들의 성적뿐만 아니라 옷을 단정하게 입어라, 물건을 늘어놓지 말아라, 집을 방문하는 어른들과 잘 어울리라는 식의 잔소리가 많았다. 어느 날, 저녁 식탁에서 엄마와 빌은 말다툼을 벌였는데, 버릇없는 아들에게 화가 난 아버지는 컵에 있던 찬물을 빌의 얼굴에 뿌렸다.

그리고 다음날 빌을 데리고 심리상담가를 찾아갔다. 빌은 "나를 통제하려는 아빠 엄마와 싸우고 있다"라고 말했고, 상담가는 빌의 부모에게 "당신의 아들은 독립심이 아주 강한 성격입니다. 너무 통제하지 않는 것이 좋습니다"라고 조언했다.

집으로 돌아와서 엄마는 아들에게 제안했다.

"네가 방문을 닫고 있으면 절대 장난감을 치우라고 하지 않을게."

이것은 빌의 독립적인 생활 공간을 인정해 준다는 뜻이었으며,

그 공간을 스스로 책임지고 꾸리라는 의미기도 했다. 비로소 빌은 부모의 통제로부터 벗어난 것이다.

빌 게이츠가 고교시절에 학교를 휴학했을 때, 대학을 중퇴했을 때도 부모는 아들의 뜻을 존중해 주었다. 그리고 그 아들은 성장해서 세계 최고의 부자이자 세계 최고의 자선사업가가 되었다.

내 아이를 바라보는 관점을 바꾸어야 한다. '고집불통에 청개구리인 아이'가 아니라 '신념이 강하고 독립심이 있는 아이'로 바라볼 때, 내 아이의 행동을 좀 더 객관적이고 진지하게 파악할 수 있다. 그리고 독립된 인격체로 대할 수 있다.

"조그만 게 엄마를 이겨 먹으려고 한다니까요."

아니다. 아이는 자기의 신념을 강하게 주장하는 것이다. 작은 아이에게 지지 않으려고 씩씩대고 있는 것은 엄마 자신이다.

"자기가 혼자서 뭘 한다고…."

아니다. 혼자서도 할 수 있다. 혼자서 할 기회를 줘라. 엄마만큼 잘하지는 못하겠지만 자기가 할 수 있는 범위 내에서 최선을 다할 것이다. 하다 보면 잘하게 된다.

"문 닫고 방에서 무얼 하고 있나, 살그머니 가서 봤더니 공책에다가 만화만 잔뜩 그려놨더라고요. 하라는 공부는 안 하고 쓸데없는 짓만…."

아니다. 아이에게는 충분히 의미 있는 행동이다. 그림을 그리는 동안 아이는 즐거웠거나, 상상력을 펼쳤거나, 집중했을 것이다. 그리고 아이 방에 들어갈 때는 노크를 하고 허락을 받아라. 아이의 독립 공간에 무단 침입하지 말아라.

10세 아이는 부모의 통제권을 벗어나 있다. 부모 마음대로 컨트롤할 수 있다고 생각하면 오산이다.

"유명한 분의 강의도 듣고 책도 많이 읽고, 어떻게 하면 좋은 부모가 될지는 고민하고 있습니다. 저는 나름 최선을 다하고 있는데, 아이는 왜 바뀌지 않는 걸까요? 저한테 문제가 있는 걸까요? 어떻게 해야 좋은 부모가 될 수 있을까요?"

아이를 바꾸려는 생각을 바꾸는 것이 우선이다. 좋은 부모가 되기 위해 최선을 다하는 것이 아이에게 스트레스가 된다. '좋은 부모 콤플렉스'에서 벗어나야 좋은 부모가 될 수 있다.

엄마의 자궁을 벗어날 때 아기는 이미 육체적으로 엄마와 분리가 되었다. 그리고 온전히 독립된 개체로 살아갈 준비를 차근차근 해왔다. 그렇게 열 살. 부모로부터의 완전한 독립을 꿈꿀 나이에 도달했다. 그리고 얼마 지나지 않아 심리적·정신적 독립을 이룰 것이다.

아이가 이렇게 성장할 동안 부모는 얼마나 성장했나? 아이의 뒷바라지에 '최선'을 다하느라 늘 그 뒤만 졸졸 따라다녔던 것은 아닐까? 아이는 이미 독립을 꿈꾸고 있을 때, 부모는 아직 마음의 준비조차 못 하고 있는 것은 아닐까?

부모는 아이 앞에 서서 이끌어줄 시기가 있고, 아이 옆에서 나란히 걸어야 할 때가 있으며, 아이 뒤에서 묵묵히 바라봐야 할 때가 있다. 그리고 아이가 붙잡았던 손을 놓으려 한다면 기꺼이 잡았던 손을 놓고 인사를 해줘야 한다. 그렇게, 아이가 성장할 때 부모도 함께 성장해야 한다.

★ 보너스 챕터 ★

평범한 우리 아이의 숨겨진 영재성을 찾아주는 청담동 교육법

우리 아이에게 꼭 맞는 시기별 두뇌 계발이 필요하다

지능체감법칙

몬테소리, 글레도만, 칼비테…. 전 세계에서 유명한 교육학자들이 공통적으로 주장한 법칙이 있다. '재능체감법칙'이라는 것이다.

기존에는 태어나서 학교에 입학하기 전까지는 잘 먹고 잘 크는 게 중요하고 교육은 초등학교 입학 후 본격적으로 시작하면 된다고 생각했다. 그러나 재능체감법칙에 따르면 0세에 가까울수록 습득 속도도 빠르고 재능이 크게 개발된다고 한다.

태어나서 6개월까지는 잠재능력의 80퍼센트, 7~18개월에는

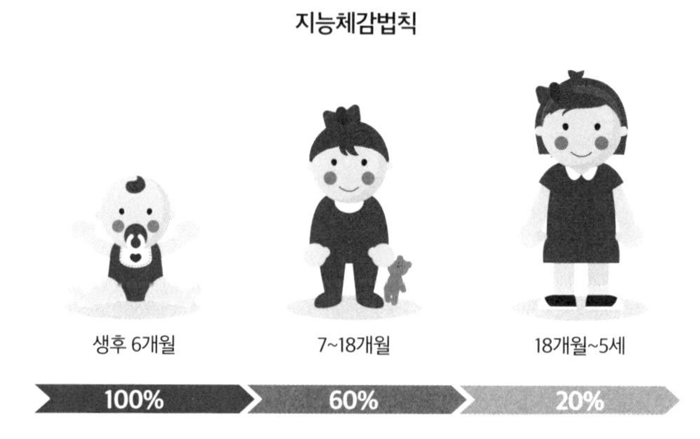

60퍼센트 수준으로 개발할 수 있지만 그 이후부터 6세 미만까지는 20퍼센트 정도로 매우 낮아진다는 것이다. 다시 말해 엄마 뱃속에 있는 태아 시기부터 무한한 능력을 가지고 태어나지만 연령이 더해지면서 점점 능력이 줄어든다는 말이다. 그래서 교육은 0세부터 해야 한다.

단 아이의 잠재능력 개발이 '학업성적 향상'은 아님을 알아야 한다. 아이가 타고난 재능과 소질을 얼마나 다양하게, 잘 개발할 수 있느냐의 문제다.

뇌세포의 수가 많은 아이

뇌세포의 수는 아이와 어른이 크게 차이 나지 않는다. 하지만 뇌의 무게에는 큰 차이가 있다. 갓 태어난 아이의 뇌는 평균 340그램이지만 6세가 되면 1,100그램으로 늘어난다. 어른의 뇌 무게와 맞먹는 무게다.

무게가 늘어난 데는 뇌세포가 커진 원인도 있지만 '시냅스(신경세포와 신경세포를 연결해주는 고리)'가 폭증한 결과다. 시냅스는 생후 24개월까지 무서운 속도로 증가하다가 그 이후부터 서서히 줄어드는 경향이 있다. 시냅스가 증가하는 시기에는 아이가 세상의 정보를 스펀지처럼 빨아들이면서 능력을 발휘한다. 반대로 이 시기에 아이에게 새로운 정보를 주지 않으면 사용하지 않는 시냅스가 스스로 가지치기를 하면서 줄어든다.

그러므로 시냅스가 폭증할 시기에 다양한 자극을 줌으로써 시

뇌세포의 가지치기 과정

생후

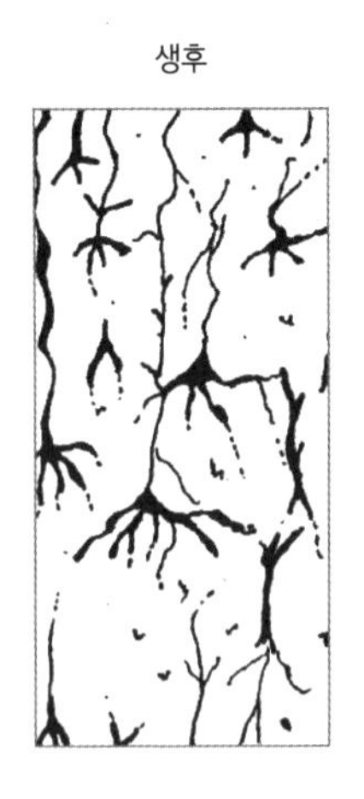

6세

14세

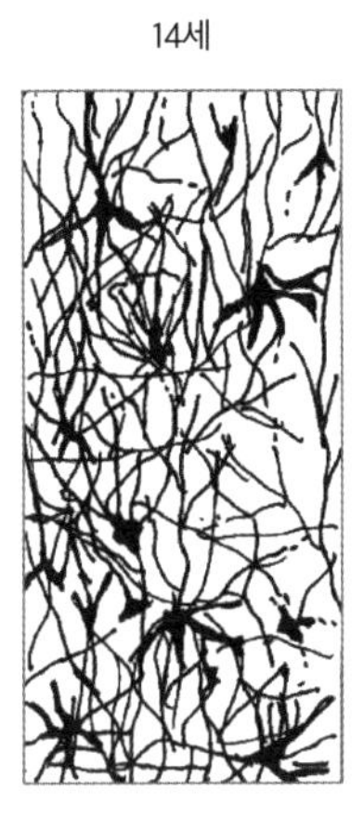

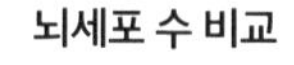

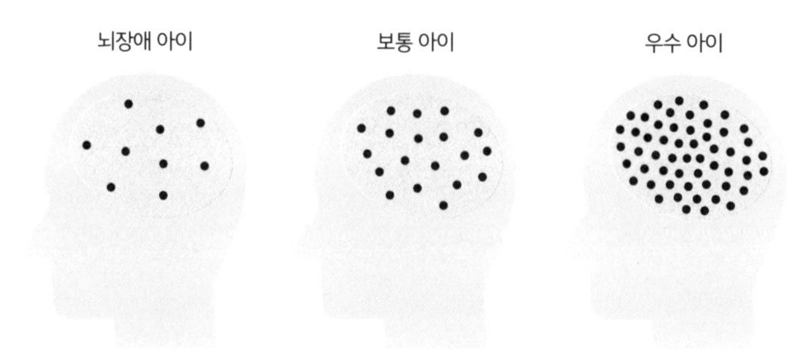

냅스의 양을 유지하는 것이 중요하다.

아이와 어른의 평균 뇌세포 수는 크게 차이 나지 않지만, 우수한 사람과 평범한 사람의 뇌세포 수에는 차이가 있다. 시냅스가 보다 긴밀하고 복잡하게 얽혀 있을수록 뇌세포 수가 많아지기 때문에 뇌 활동이 훨씬 빠르고 원활하다.

좌뇌와 우뇌의 균형이 맞는 아이

그러나 뇌세포 수가 많다고 해서 저절로 똑똑한 영재가 되는 것은 아니다.

사람의 뇌는 크게 좌뇌와 우뇌로 나뉘는데, 각각의 역할이 다르다. 좌뇌는 언어능력·사고력·논리력·이성·발표력·현재의식을

좌뇌와 우뇌의 역할

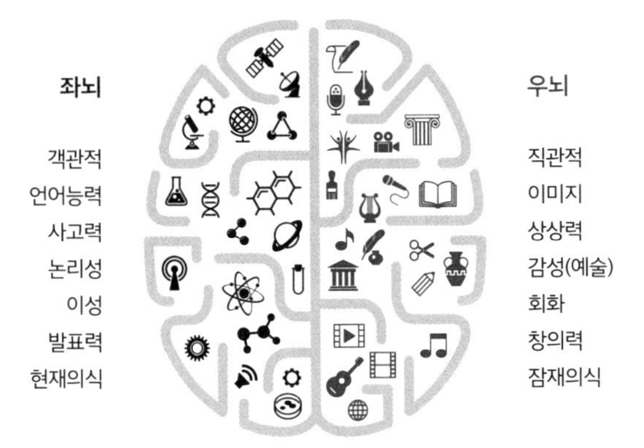

담당하고, 우뇌는 이미지·상상력·감성(예술성)·회화능력·창의력·잠재의식을 담당한다.

그런데 좌뇌와 우뇌의 밸런스가 맞지 않으면 아이의 능력이 한쪽으로 치우쳐 정상적인 사회활동이 불가능하다. 예를 들어 창의력은 뛰어난데 사고력이나 이성적인 판단이 떨어지면 소위 말하는 '4차원'이 되고, 논리력이 뛰어나지만 상상력이 부족하면 '우물 안 개구리'가 된다. 좌뇌와 우뇌를 균형 있게 발달시키는 데 보다 집중해야 하는 이유가 여기에 있다.

세상에 갓 태어난 아기는 우뇌만 사용한다. 그러나 성장하면서 점차 좌뇌 사용량이 증가해서 50세 전후가 되면 좌뇌 80퍼센트, 우뇌 20퍼센트 비율로 사용하게 된다. 그래서 어릴 때는 상상력·창의력·잠재의식이 뛰어나고 나이를 먹어서는 사고력·이성·현재

연령에 따른 좌뇌와 우뇌의 사고 비중

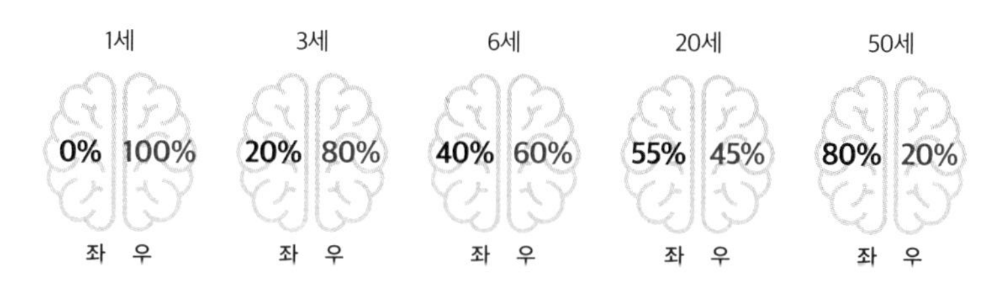

의식이 강해진다.

핵심은, 잠재능력을 최대치로 개발할 수 있는 시기에 뇌세포 수를 늘리고 이후 좌뇌와 우뇌의 균형을 맞춰줘야 영재가 탄생한다는 것이다.

영재들의 오후학교

서울 청담동에 위치한 영재들의 오후학교에서는 생후 14개월 아동부터 상담하고 있다. 아이가 어느 정도 의사 표현을 하고 행동하기 때문에 주양육자인 부모님을 통해 상담을 한다. 상담 이전에 아이의 상태를 파악하기 위해 아동발달검사K-CDI를 먼저 실시하고, 그 결과를 토대로 상담이 이루어진다.

① 전화문의

② 가정으로 '아동발달검사' 용지 발송

③ 부모님이 체크해서 회신

④ 검사결과 확인 후 상담 예약

⑤ 아이와 부모님 상담을 통해 솔루션 확정

⑥ 교육 매니저 배치

※ 36개월 이후의 아이는 〈영재들의 오후학교〉 방문 상담 시 추가 검사 실시

아동발달검사의 주요 항목은 사회성·자존감·대근육·소근육·표현어휘·이해력·글자·숫자에 대한 것이다. 전 항목이 평균이거나 그 이상이면 문제가 없지만 특정 부분이 지나치게 낮으면 뇌의 불균형을 잡아줘야 한다.

청담동 교육법의 특별함은 아이의 뇌가 균형 있게 성장하도록 일대일 맞춤형 교육 매니저를 두는 것이다. 전문 과정을 이수한 교육 매니저가 가정을 방문, 엄마교육과 아이교육을 동시에 실시한다. 그리고 이를 통해 엄마가 다시 아이를 교육하면서 아이는 온전히 케어를 받을 수 있다.

이렇게 홈스쿨링 방식으로 교육하다가 아이가 성장하여 36개

월 이상이 되면 영·재·오 센터에 와서 또래 아이들과 어울리며 사회성을 기른다.

인지 발달 교육 순서

① 칼비테 플래시카드

② 우뇌 교육 방식을 활용한 한글 떼기

③ 영어·중국어·일본어 등 다국어 교육

④ 한자

⑤ 그림 그리기

⑥ 놀이수학

신체 발달

- 대근육
- 소근육

사회성 발달

- 부모와 함께 사회성 키우기
- 단체에서 또래 아이들과 함께 사회성 키우기

남다른 부모님의 생각과 교육이 아이를 남다르게 성장시킨다. 이것이 청담동 교육법이다.

청담동 엄마의 10년 육아법

1판 1쇄 인쇄 2023년 2월 16일
1판 1쇄 발행 2023년 2월 24일

지은이 임서영

발행인 양원석 **책임편집** 황서영
디자인 신자용, 김미선 **영업마케팅** 양정길, 윤송, 김지현

펴낸 곳 ㈜알에이치코리아
주소 서울시 금천구 가산디지털2로 53, 20층(가산동, 한라시그마밸리)
편집문의 02-6443-8860 **도서문의** 02-6443-8800
홈페이지 http://rhk.co.kr
등록 2004년 1월 15일 제2-3726호

ISBN 978-89-255-7695-4 (03590)